JN297074

食品科学のための
基礎微生物学実験

中里厚実・村 清司 編著

門倉利守・徳田宏晴・中山俊一・本間裕人 共著

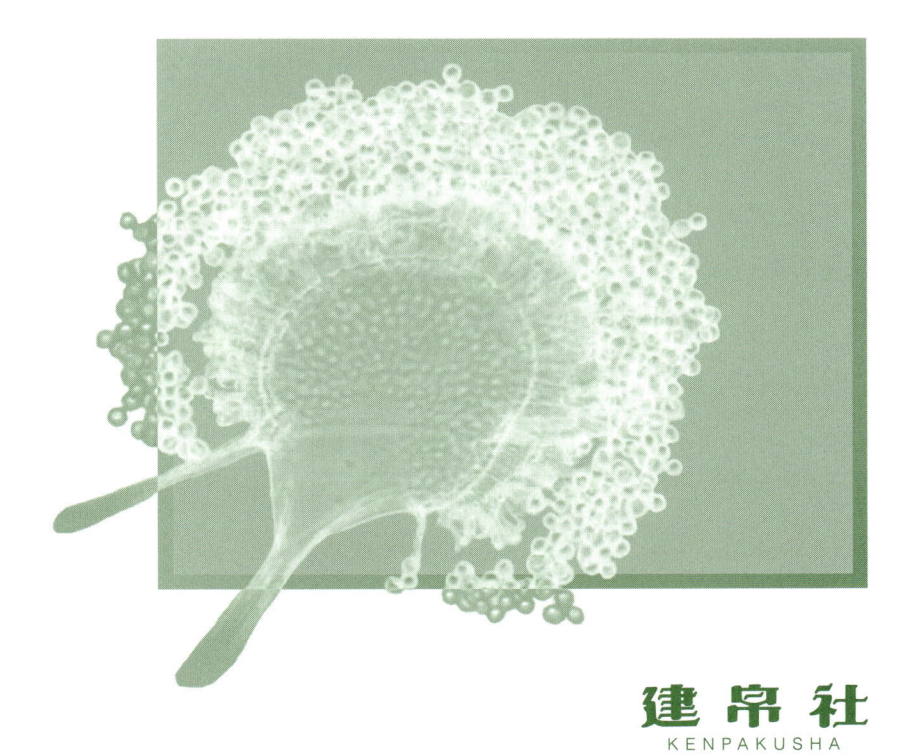

建帛社
KENPAKUSHA

はじめに

　微生物は，多くの細胞からできている植物や動物と違い，一つ一つは肉眼では見ることのできない微小な生物です。そのため，微生物の実験は植物や動物の実験とはいろいろな点で異なります。まず，一つ一つの微生物は肉眼で見ることができないため，それを観察するには必ず顕微鏡が必要です。また，微生物はどこにでも存在するため，実験対象でない微生物が混入するのを阻止する必要があり，実験で使用する試薬や器具はすべて殺菌あるいは除菌し，実験操作は微生物を排除した環境で行なわなければなりません。したがって，微生物の実験を行なうには，微生物実験の手法を理解し，その手法に習熟することが不可欠です。

　食品は微生物によって腐敗・変敗することから，食品の品質保持において微生物の知識が必要であり，それと同時に微生物を利用する発酵食品の製造においても微生物の知識が必要です。そのため，大学・短大・専門学校などの食品学を専攻する学科では，通常，基礎教科として「微生物学」ならびに「微生物学実験」が開講されています。本書は，そのような食品学を専攻する学科で開講される「微生物学実験」の教科書として利用してもらう実験書です。

　実験書の多くは実験操作を記述しているだけで，その実験を通して理解してもらいたいことについて詳述しているものはあまり見当たりません。実験授業は，実際に実験を行なって実験手法に習熟してもらうことも目的の一つですが，それ以上に実験を通してその原理や意義を理解し，実験に関連する様々な知識を得ることが重要です。そこで，本書は実験操作の記述に留まらず，実験の原理や意義についてできるだけ詳しく記述しました。授業で経験できる実験の数は限られますが，本書を教科書として利用することにより，実験に関する知識を広範に習得することができ，講義の「微生物学」で学んだことに対する理解もより深まるものと確信します。

　最後に，本書の刊行に当たりご尽力いただいた（株）建帛社編集部の各位に感謝申し上げます。

　2010年3月

編者　中里厚実
村　清司

目　次

1章　微生物学実験の基礎　1

1. 微生物学実験の一般的注意 …………………………………………… 1
2. 微生物学実験の施設，設備，機器及び器具 ………………………… 3
   1. 施設・設備 ……………………………………………………………… 3
   2. 機器 ……………………………………………………………………… 5
   3. 器具 …………………………………………………………………… 17
3. 微生物学実験の基本操作 ……………………………………………… 25
   1. 綿栓作製 ……………………………………………………………… 25
   2. 培地調製 ……………………………………………………………… 26
   3. 殺菌 …………………………………………………………………… 29
   4. 無菌操作 ……………………………………………………………… 32
   5. 微生物の培養 ………………………………………………………… 34
   6. 微生物の保存 ………………………………………………………… 36

2章　微生物の分離　39

1. 試料の採取 ……………………………………………………………… 39
2. 分離培地及び集積培養 ………………………………………………… 40
   1. 酵母 …………………………………………………………………… 41
   2. 乳酸菌，酢酸菌 ……………………………………………………… 42
3. 【実験1】平板培養法（塗抹） ………………………………………… 43
4. 【実験2】平板培養法（画線法） ……………………………………… 45
5. 【実験3】平板培養法（混釈法） ……………………………………… 45

3章　細菌の培養と形態観察　47

1. 細菌の分類と形態 ……………………………………………………… 47
2. 【実験】乳酸菌の培養と形態観察 …………………………………… 51
   1. 目的 …………………………………………………………………… 51
   2. 供試菌 ………………………………………………………………… 51
   3. 高層培地を用いた培養による酸素要求性の判定 ……… 51
   4. 発酵型試験 …………………………………………………………… 52
   5. 細胞形態の顕微鏡観察 ……………………………………………… 52
   6. グラム染色 …………………………………………………………… 53
   7. 属の推定 ……………………………………………………………… 54

4章　酵母の培養と形態観察　55

1. 酵母の分類と形態 …………………………………………………… 55
2. 【実験】酵母の培養と形態観察 …………………………………… 56
   1. 目的 ………………………………………………………………… 56
   2. 供試菌 ……………………………………………………………… 57
   3. 平板培養によるコロニーの形態観察 ………………………… 57
   4. 液体培養による発酵性及び産膜形成性の観察 ……………… 57
   5. 細胞形態の顕微鏡観察 ………………………………………… 58
   6. 胞子形成と胞子の形態観察 …………………………………… 59
   7. 酵母の属の推定 ………………………………………………… 60

5章　カビの培養と形態観察　61

1. カビの分類と形態 …………………………………………………… 61
2. 【実験】カビの培養と形態観察 …………………………………… 64
   1. 目的 ………………………………………………………………… 64
   2. 供試菌 ……………………………………………………………… 64
   3. 平板培養によるコロニーの形態観察 ………………………… 64
   4. カビのスライド培養と顕微鏡観察 …………………………… 65
   5. カビの同定 ……………………………………………………… 67

6章　微生物の大きさの測定　73

1. 微生物の大きさの測定法 …………………………………………… 73
   1. 使用器具 …………………………………………………………… 73
   2. 測定準備（接眼測微計の目盛り間隔の算出）………………… 73
   3. 測定 ………………………………………………………………… 75
2. 酵母の大きさの測定 ………………………………………………… 76
   1. 目的 ………………………………………………………………… 76
   2. 供試菌 ……………………………………………………………… 76
   3. 培地 ………………………………………………………………… 76
   4. 酵母菌体の調製 ………………………………………………… 76
   5. 実験操作 ………………………………………………………… 76
3. 糸状菌の大きさの測定 ……………………………………………… 77
   1. 目的 ………………………………………………………………… 77
   2. 供試菌 ……………………………………………………………… 77
   3. 使用培地 ………………………………………………………… 77
   4. 糸状菌の調製 …………………………………………………… 77
   5. 実験操作 ………………………………………………………… 77

7章　微生物の増殖度の測定　79

1．微生物の増殖度の測定法 …………………………………… 79
1　重量による測定法 ……………………………………… 79
2　分光光度計による測定法 ……………………………… 79
3　平板培養による測定法 ………………………………… 80
4　検鏡法 …………………………………………………… 80
5　その他の方法 …………………………………………… 80
2．【実験1】酵母の増殖曲線の作成 …………………………… 81
1　目的 ……………………………………………………… 81
2　供試菌 …………………………………………………… 81
3　培地 ……………………………………………………… 81
4　実験操作 ………………………………………………… 81
3．【実験2】大腸菌群検査 ……………………………………… 84
1　目的 ……………………………………………………… 84
2　供試試料 ………………………………………………… 84
3　培地 ……………………………………………………… 84
4　実験操作 ………………………………………………… 84

8章　酵母のアルコール発酵試験　87

1．酵母のアルコール発酵 ……………………………………… 87
2．【実験】アルコール発酵試験 ………………………………… 90
1　目的 ……………………………………………………… 90
2　供試菌 …………………………………………………… 90
3　培地 ……………………………………………………… 91
4　測定項目 ………………………………………………… 91
5　実験操作 ………………………………………………… 91
〔ソモギー・ネルソン法による糖の定量〕 ……………… 92
〔浮ひょう法によるアルコールの定量〕 ………………… 93

9章　乳酸菌の乳酸発酵試験　95

1．乳酸菌の乳酸発酵 …………………………………………… 95
1　ホモ乳酸発酵 …………………………………………… 95
2　ヘテロ乳酸発酵 ………………………………………… 96
2．【実験】乳酸発酵試験 ………………………………………… 97
1　目的 ……………………………………………………… 97
2　供試菌 …………………………………………………… 97
3　培地 ……………………………………………………… 97
4　測定項目 ………………………………………………… 98
5　実験操作 ………………………………………………… 98

〔中和滴定法による酸の定量〕………………………………… 98

資料　培地一覧 …………………………………………………… 99
 1．一般的な培地（非選択培地など）………………………… 99
  ① 細菌用培地 ……………………………………………… 99
  ② 酵母・糸状菌用培地 ………………………………… 101
  ③ 放線菌 ………………………………………………… 102
 2．特定の微生物の分離，検出，同定などに用いる培地（選択培地，検出培地，鑑別用培地）………………………………… 103
  ① 細菌用培地 …………………………………………… 103
  ② 酵母・糸状菌用培地 ………………………………… 107

参考文献 ………………………………………………………… 110
索引 ……………………………………………………………… 111

1章 微生物学実験の基礎

本章では，微生物実験を行なうための施設・設備，機器，器具などの基本知識と，微生物実験を行なうにあたって必ず修得しなければならない基本操作について説明する。

1. 微生物学実験の一般的注意

　微生物は集落(colony)を形成していなければ肉眼では見ることができない小さな生物で，自然界のあらゆるところに存在し，空気中，容器や液体に混入していても目では確認することができない。また，微生物は増殖の条件さえ整えば1日に数千万細胞にも達する増殖の早い生物でもある。そのため，微生物実験では目的の微生物以外の微生物の混入を極力避け，取扱者や実験室内はもとより建物内の人々，大気，水質，土壌などの環境にも害を及ぼさないように微生物を正しく取り扱わなければならない。

　微生物実験では，一般の生物・化学系実験の注意事項を守り，微生物を取り扱う関係から以下の事項について特に注意しなければならない。

① 実験室では白衣などの清潔な服装に着替え，履物は専用のものを使用する。
② 手は石けんで洗って必要に応じてグローブを着用する。
③ 実験室内では飲食をしない。
④ 実験室，実験台，機器，器具などは清潔に保ち，消毒・殺菌をして雑菌汚染(contamination)を防止する。
⑤ 実験室内ではできるだけ静かに行動し，空気の移動を減らして雑菌混入を抑制する。
⑥ 微生物の培養中は毎日よく観察する。
⑦ 実験に使用する菌株は定期的に植え替えを行ない，保存菌株は十分に培養後，冷暗所に保存する。
⑧ 恒温器内は常に清潔に保つ。
⑨ 使用した器具や培地は加熱殺菌する。
⑩ 組換えDNAや病原性微生物を扱う際は十分に注意を払い，関係法規を守る。

■ その他の注意点
- 実験用のノートを用意して実験を計画的に行ない，実験の方法や結果を必ず記録する。
- 実験中はむやみに実験台を離れず，実験を途中で放置しない。
- いいかげんな実験方法では正しい結果が得られないばかりでなく，事故の原因になるので指導者に従い正しい方法で実験する。
- 使用した器具は洗浄してから所定の場所に戻す。
- 実験廃棄物は規則に従い，所定の容器に入れて廃棄する。
- 実験終了後は手を洗い，ガス，電気，水道の元栓を確認する。

実験の際には外部から微生物を持ち込まず，外部へ持ち出さないように十分注意する必要がある[*1]。また，組換えDNAや病原性微生物の実験を行なう際は，後述の滅菌法や無菌操作の技術を十分に修得し，「遺伝子組換え生物等の使用等の規制による生物の多様性の確保に関する法律」[*2]や「病原体等安全管理規定」[*3]などを遵守し，各事業所や研究施設独自の管理規則等にも従わなければならない。

大学などでは安全管理規定を制定し，安全委員会を設置して実験の審査を行なってから実験を実施しなければならない。ただし，組換えDNA実験を伴わない遺伝子実験の場合はこれに依らない。

*1 バイオハザード防止には，物理的封じ込めと生物的封じ込めがあり，これは組換え体の環境への伝播・拡散を防止することである。

*2 遺伝子組換え生物等の使用等の規制による生物の多様性の確保に関する法律：2009年に施行され，微生物に限らず遺伝子組換えにより作製された生物の使用等を規制している。

*3 病原体等安全管理規定：国立感染症研究所により病原性微生物を危険度レベルで分類し，取り扱うことのできる施設・設備を決めている。

組換えDNA実験

―物理的封じ込め―
P1レベル：通常の微生物実験室で実験中はドアや窓を閉める。
P2レベル：P1レベルの施設で安全キャビネットを使用することが望ましく，オートクレーブを設置する。
P3レベル：実験室に前室を設置し，床，壁，天井は容易に洗浄・殺菌できる素材を用いる。実験室内は陰圧にして空気が室外に漏れないようにし，窓は密閉して安全キャビネットを使用する。
P4レベル：P3レベルに加えてシャワー室，消毒設備，エアロック等の安全設備を整える。防護服を着用し，クラスⅢの安全キャビネットを使用する。

―生物的封じ込め―
生物的封じ込めのレベルは，自然環境下での生存能力に応じて評価される。
B1レベル：自然条件下では生存能力が低い宿主と宿主依存性が高く他の細胞に移行しにくいベクターを組み合わせた宿主ベクター系。
B2レベル：B1レベルのうち，自然条件下での生存能力が特に低い宿主と宿主依存性が特に高いベクターを組み合わせた宿主ベクター系。

2. 微生物学実験の施設,設備,機器及び器具

微生物実験では一般微生物,病原性微生物,組換えDNAなど対象となる微生物に応じた施設,設備,機器及び器具が必要になる。ここでは主に一般微生物について説明する。

1 施設・設備

(1) 実験室

微生物を扱う実験室は,通常の化学実験室と同様に実験台,流し台が設置され,電気,ガス,水道が整備されていなければならない。

微生物実験室は常に清潔を保つようにし,必要なもの以外は持ち込まないようにする。また,空気の移動を極力少なくするため,ドアや窓をむやみに開けず,微生物の流入や流出を防ぐ必要がある。

(2) バイオクリーンルーム(無菌実験室)

バイオクリーンルームは,微生物管理を徹底させるために,浮遊微生物や浮遊塵埃を除去して空気の清浄度を保った施設である。高性能のエアフィルター(HEPA)を通した清浄な空気を室内に送り込み,室内の空気は排出あるいは循環させて空気の清浄度(クラス)を保たせる。

(3) 実験台

実験台は,通常の化学実験と同様のもので十分である。しかし,実験操作上から安定性があり,電気コンセント,ガス栓,水栓が整備され,不慮の出来事の際に殺菌剤で拭きやすいものが便利である。

実験台は常に清潔を保ち,操作がしやすいようにこまめに整理整頓してスペースを確保して,必要なもの以外は片付ける。

(4) クリーンベンチ(無菌実験台)

クリーンベンチは,微生物の培養などで厳密な無菌操作をするための実験台である。エアフィルターでろ過した清浄な空気を垂直あるいは水平にファンで送り込み,操作スペースにおける雑菌の混入を防ぐようになっている。内部には紫外線殺菌灯と火炎殺菌用のガスバーナーが備え付けられており,使用時以外は紫外線殺菌する。また,殺菌灯により目や肌を傷つけたり,火炎によって天井内部のエアフィルターを損傷させないように注意する。

組換えDNAや病原性微生物を扱うには,微生物が外部に出ないように安全キャビネットとも呼ばれる内部を陰圧に保ち,空気を循環させて排気するタイプのものを用いなければならない。

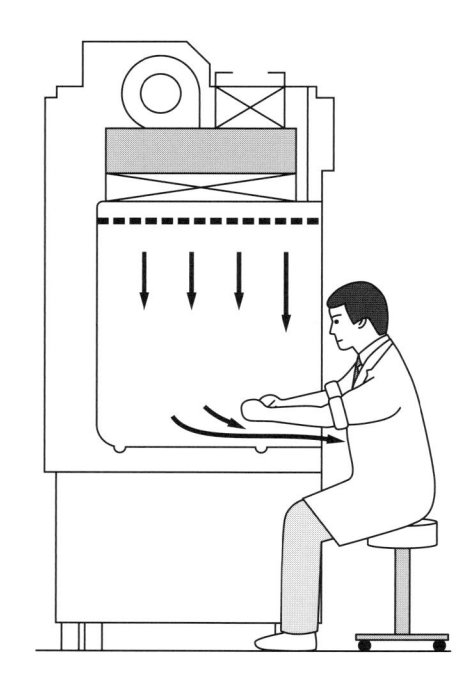

図1-1　クリーンベンチ使用例

a．クリーンベンチ使用法（図1-1）

①　クリーンベンチの外側・周辺を雑巾できれいに拭き，清潔を保つ[*4]。

②　クリーンベンチ内部の全ての面を殺菌剤（オスバン液など）を含ませた専用布で拭いて殺菌する。

③　殺菌灯及びファンを作動して20〜30分間待ち，内部をクリーンにする。必要に応じて内部空間に殺菌剤をスプレーする。

④　作業に必要な器具は殺菌剤を噴霧，あるいは殺菌剤を含ませた布で拭いて，クリーンベンチ内に入れる。器具を入れた後はクリーンベンチ使用時まで殺菌灯とファンをつけておく。

⑤　クリーンベンチ内に白衣などが入らないように作業者は衣類の袖をまくり，予め洗浄した両腕を殺菌剤（オスバン液など）を含ませた専用布で拭いてから作業する[*5]。

⑥　作業時は，クリーンベンチの正面に椅子を置いて深く腰掛け，殺菌灯を消して照明とファンをつけ，前面のガラスシャッターを上げすぎないようにする。

⑦　クリーンベンチ内のガスバーナーの口火を点け，火炎殺菌用のガスバーナーを用意する。ガスバーナーは足下のペダルを用いて操作をする。

⑧　使用後はクリーンベンチをきれいに拭き，ガス栓を閉め，殺菌灯をつけて殺菌してから終了する。

*4　エアフィルターは適宜清掃・交換を行なう。

*5　指輪・ブレスレット・時計などは必ずはずす。爪の内部はよく殺菌できないので切っておく。

⑸ 流し台

　流し台は，ステンレス製などで器具の洗浄をするスペースが十分とれる流し台であればよい。湯の使える混合栓があると便利である。また，流し台は常に清潔を保ち，必要なもの以外は片づけて不慮の出来事を防止する必要がある。

　流し台には微生物を含む培養液や酸・アルカリ溶液，金属類を含む溶液など各種の液体をむやみに流しがちであるが，これらは殺菌，中和（反応熱に注意），除去などの処理を行ない，各施設の廃液処理の規定に従って環境汚染防止対策に努めてから洗い流さなければならない。

実験室 　　　クリーンルーム

実験台 　　　クリーンベンチ

図1-2　施設・設備

2　機　器

⑴　乾熱滅菌器

　試験管や三角フラスコ，ピペット，シャーレなどのガラス器具，金属製の器具など，材質が高熱に安定で培地などの水分を含まない器具類の殺菌に用いられ，ガス式と電気式がある。ピペットやシャーレは包装するか，専用の滅菌缶に入れて殺菌する。

　乾熱滅菌は乾燥空気中で加熱殺菌する方法で，160℃で90～120分，または180℃で60分の処理が必要である。また，器具を殺菌するだけでなく，器具に施した綿栓をしっかり成形させる意味もある。

　殺菌後は高温のうちに扉を開けると，急激な温度変化でガラス器具が破損したり，綿や紙など燃焼性のものは焦げたり，引火したりすることがあるので，密封したまま十分に温度を下げて（100℃以下）から扉を開けなければならない。

a．器具の包装方法（図1-3）

① シャーレは5，6枚を1組として，両端のシャーレは上蓋が外側に向くようにする。
② 新聞紙を二つ折りにしてシャーレをおき，隙間のないように巻くようにして包み，両端を折り込んで留める。
③ ピペット類は広告紙や新聞紙で，使用時に取り出しやすいように緩めに露出部のないように巻き，端を折り込みながら包んでのり留めする。

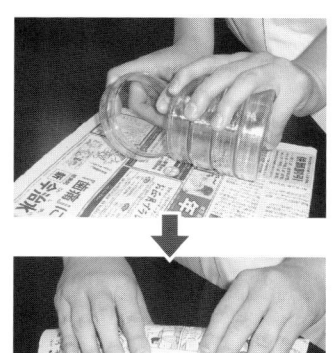

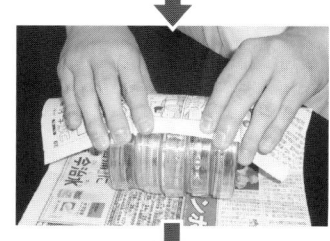

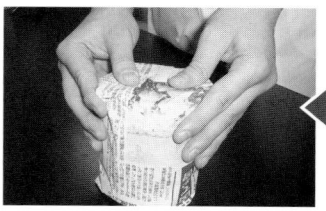

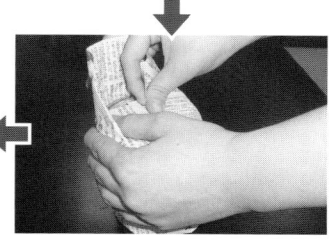

図1-3 シャーレの包装例

b．乾熱滅菌器の使用法

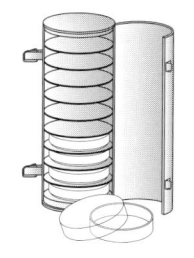

① 綿栓した試験管，三角フラスコなどは金網バスケットに入れ，ピペットやシャーレは新聞紙や広告紙で包装するか，専用の滅菌缶にまとめて入れる。綿や紙は焦げて破れないように，乾熱滅菌器の底や壁に綿や紙が直接触れないようにして乾熱滅菌器内に入れる。
② 扉を閉めて熱源を入れ，目的の温度まで加熱する。
③ 目的の温度に達したら熱源を調節して，密閉状態のまま目的の時間内一定温度を保つ。空気が流入するような状態では綿や紙などが焦げたり，引火したりするので注意しなければならない。
④ 所定の時間になったら熱源を切り，十分に放冷する。高温のうちに扉を開けると，ガラス器具が破損したり，綿や紙などは焦げたり，引火したりするので注意しなければならない。
⑤ 放冷（100℃以下）後に扉を開け，軍手をしてやけどをしないように注意しながら，殺菌した器具を金網バスケットごと出す。

シャーレ乾熱缶

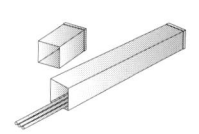

ピペット乾熱缶

図1-4 乾熱滅菌器

(2) オートクレーブ（高圧蒸気滅菌器）

　試験管，三角フラスコなどのガラス器具に分注した培地，試薬類，マイクロピペットやそのチップ類，エッペンチューブなど乾熱殺菌のできない器具，培養物などを殺菌するために用いられる。

　試験管などの綿栓やシリコセン部分は濡れないように包装して殺菌する。ピペットチップやマイクロチューブはストックラックなどに入れ，滅菌後すぐに乾燥機で乾燥できるようにアルミホイルで包み，耐熱性ラップで包装して殺菌すると便利である。しかし，プラスチック，ゴム製品などは高熱で変形，変質する材質のものがあるので注意し，培地成分には熱で分解する成分もあるので注意する必要がある。

　オートクレーブはガス式と電気式があり，ガス式は蒸気を発生させるための水を早く沸かすことができる。高圧蒸気滅菌は密閉した容器中で蒸気を発生させて圧力を高め，飽和水蒸気の温度（湿熱）で加熱殺菌する方法で，121℃（0.1 MPa）で15分，または115℃（0.07 MPa）で30分の処理が必要である。十分に蒸気を発生させて空気をよく抜いてから密閉しないと殺菌温度に達せず，殺菌が不十分になる。

　オートクレーブは高温高圧で使用するため，必ず規定量の水を入れ，蒸気の吹き出しによるやけどや，培地や試薬類の突沸などに細心の注意が必要である。殺菌後は陽圧のうちにふたを開けると危険なため，必ず常圧になったことを確かめてからふたを開ける。

a．オートクレーブの使用法

① オートクレーブに規定量の水を入れ，排気調節弁が正常であるかを確かめる。蒸気を発生させるための十分な水がないと，空焚きになり事故の原因となるので注意しなければならない[*6]。

② 熱源を入れ，蓋をねじ留めしないで閉じて水が沸騰するのを待つ。

③ 培地などを分注して綿栓やシリコセンをした試験管，三角フラスコは金網バスケットなどに入れ，栓が濡れないようにアルミホイルやクラフト紙，広告紙などで覆い隠すように包装する。

④ 水が沸騰したら必要に応じて熱源を弱め，軍手をして，蒸気でやけどをしないように注意しながら殺菌する培地や器具などを入れる。

⑤ オートクレーブの蓋を閉じ，ねじを左右，前後で対称に仮締め後，同様に均等の力でしっかり平均に締める[*7]。

⑥ 弱めた熱源を強くし，排気口を開いたまま，十分に加熱して蒸気を勢いよく発生させてオートクレーブ内の空気を追い出す。空気が残っていると圧力は上がるが，目的温度に達しない。

＊6　オートクレーブにはステンレスのスノコ（底板）があるので，その下に十分な水を必ず入れる。

＊7　蓋にはパッキンがあり，締め方に偏りがあると蒸気の漏れにつながるので注意しなければならない。

1章　微生物学実験の基礎

⑦　加熱を続け，温度計が100℃を越え，排気口から十分に蒸気が出たら排気口のバルブを完全に閉める。

⑧　温度計，圧力計を見て，目的の温度と圧力に達したら熱源を調節し，そのままの状態で所定の時間加熱する。殺菌する器具が多いとき，培地量が多いとき，培地の粘度が高いときなどは時間を長くするなど，殺菌するものによって条件を考慮しなければならない[*8]。

＊8　ビタミンの入っている培地では，ビタミンの破壊を避けるため121℃（0.1 MPa）に達したら熱源を切る達温殺菌などをする。

⑨　所定の時間を経たら熱源を切り，圧力が下がり始めたら排気口を少しずつ開いて蒸気をゆっくり抜き，徐々に常圧に戻す。急激に圧力を下げると培地などが突沸し，栓が濡れたり，抜けたりする。

⑩　圧力計が0 MPaを示して常圧になり，排気口から蒸気がほとんど出ないことを確認して，ねじを蓋の固定されている側から少しずつ均等に緩める。圧力が掛かっているうちにねじを緩めると，緩めた箇所より蒸気が噴き出し，やけどをする恐れがあるので十分注意する。

⑪　全てのねじを緩めてねじをはずし，オートクレーブの蓋を静かに開け，内部の蒸気を完全に追い出す。蓋を開けた直後にオートクレーブ内をのぞき込んだり，手を入れたりすると，残っている蒸気でやけどをする恐れがあるので十分注意する。

⑫　軍手をして殺菌した培地などを取り出し，包装したアルミホイルやクラフト紙，広告紙などを取り除く。

図1-5　オートクレーブ

コッホ消毒器

コッホ消毒器（コッホ蒸気殺菌器）

100℃以上に温度を上げると変質してしまう培地などを殺菌する機器。細菌の胞子などは生き残る可能性があるため，1日1回100℃で30～60分の殺菌を3日間連続で行なう間欠殺菌が必要。これは，1回の殺菌で栄養細胞は死滅するが，胞子は生き残り，殺菌後1日常温で放置することにより，胞子を発芽させてさらに殺菌を繰り返すというものである。手間が掛かるため，最近ではあまり利用されていないが，この殺菌方法の原理を知っていることで，微生物の実験を行なう設備が充実していない醸造や食品の現場においても，蒸気釜などを用いて簡単な微生物の実験を行なうことも可能になる。

(3) 恒温器(インキュベーター)

微生物を一定の温度で培養するために用いられる。用途に応じて恒温振とう培養器，恒温水槽，嫌気培養器などがある。

恒温器は常に清潔に保ち，誤って微生物の培養液などをこぼした場合には，殺菌剤を含ませた雑巾などで拭き取る。また，必要時以外は扉の開閉は避ける。温度を一定に保つためにファンが内蔵されたものが多いが，シャーレの培地などでは乾燥に十分注意する。

恒温振とう培養器は好気性菌などを振とう培養するための機器で，往復式もしくは回転式のユニットを備えたものである。恒温水槽は水槽にサーモスタット付きの電熱器を取り付けて，液温を一定に保つものである。

図1-6 恒温器

図1-7 恒温振とう培養器

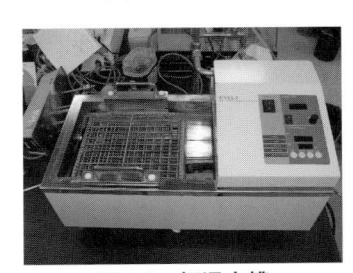

図1-8 恒温水槽

図1-9 ジャーファーメンター

(4) ジャーファーメンター

温度，通気量，撹拌数，pHなどを調整して微生物を大量に通気撹拌培養する装置で，物質生産などに用いられる。

(5) 遠心分離機

物質の比重差と遠心力を利用して物質を分離する機器で，微生物と培養液との分離や微生物の細胞小器官や成分を分離するために用いられる。遠心分離機には，最大回転数が3,000〜5,000 rpm程度のものから，最大回転数が約20,000 rpmの高速遠心分離機，約100,000 rpmの超遠心分離機などがある。回転数の大きいものは回転で生じる熱による物質の変性などを防ぐため，冷却装置が付いている。

遠心分離機は重量のあるローターを高速で回転させるため，誤った使い方をすると大変危険である。遠沈管は同質のものを用い，試料を入れた1組(2本)の遠沈管の重量を必ず同じにし，ローターの対角線上に均等に挿入する。また，回転中に試料が飛び出してバランスが崩れないように，遠心管に入れる液量にも十分注意する。さらに，異常が発生したときにすぐに非常停止できるように，回転数が安定するまでその場を離れてはならない。ローターには最大許容回転数が決められているが，通常は8割以内の回転数で用いるのがよい。

| 微量遠心分離機 | 傘型遠心分離機 | 卓上高速遠心分離機 |

| 遠心分離機 | 高速冷却遠心分離機 | 超遠心分離機 |

図1-10 様々な遠心分離機

(6) 電子天秤

培地成分や薬品の質量を量るために用いられる。機種によって計量できる範囲は異なり，最小表示単位が小さく精度のよいものは風防が付いている。

電子天秤は精密機器であるため，衝撃を与えないように丁寧に取り扱い，天秤の内部と周辺は常に清潔を保つようにしなければならない。また，使用する際は振動の少ない平らな場所に置き，校正(キャリブレーション)をする。

a．電子天秤の使用法

① 電子天秤を振動の少ない平らな実験台に置き，水準器で水平を確認しながら調節ねじや足車などを回し，水平に調整する。

2．微生物学実験の施設，設備，機器及び器具

② 風防があるものは扉が閉まっていることを確認し，電源を入れて安定させる。通常，1時間程待って安定してから使用する。
③ リセットボタン（TARE, RE-ZERO）を押して重量表示を0にする。
④ 風防があるものは片側の扉を開け，薬包紙などの風袋を試料皿にのせ，扉を閉める。
⑤ 重量表示が安定したらリセットボタン（TARE, RE-ZERO）を押し，風袋の重さを0にする。
⑥ 風防のあるものは両方の扉を開け，片側から試薬，もう一方から薬さじを入れて試薬を取り，少量ずつ目的の重さになるまで量り取る[*9]。
⑦ 風防のあるものは両方の扉を閉め，重量表示が安定したことを示すマークが出たら，量り取った試薬の質量を読み取る。
⑧ 使用後は電子天秤を清掃する。

[*9] 吸湿性のある試薬類は空気中の水分を吸って量が変化したり，こぼした際に固まって故障の原因となるため計量には十分注意を払う。

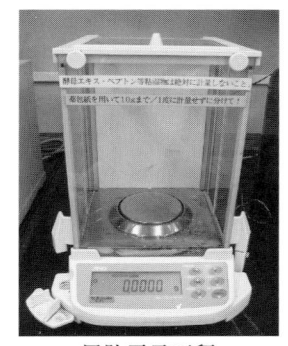

風防電子天秤　　　電子天秤　　　大容量電子天秤

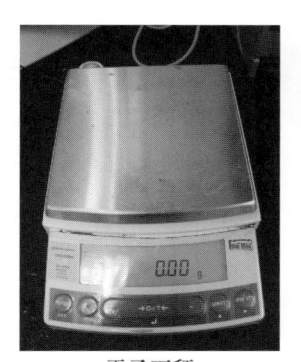

図1-11　様々な電子天秤

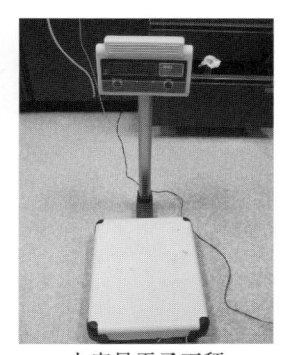

(7) マグネチックスターラー

培地成分や薬品を溶媒に溶解したり，微生物の撹拌培養に用いる機器で，磁力により撹拌子（スターラーバー）を回転させ液体を撹拌する。

(8) ボルテックスミキサー

試験管，マイクロチューブなどの試薬や微生物の培養液を撹拌して混合，懸濁，均一化するための機器である。指で持った位置が支点となり，持つ位置により撹拌の程度が異なるため，持つ位置に注意する。

(9) 純水製造装置

実験に使用する水を製造するための機器で，用途に応じてイオン交換水，蒸留水，逆浸透膜水などを製造するものがある。紫外線や除菌フィルターによる処理を併用することで，遺伝子

図1-12　マグネチックスターラー

図1-13　ボルテックスミキサー

図1-14　純水製造装置　　　図1-15　超純水製造装置　　　図1-16　pHメーター

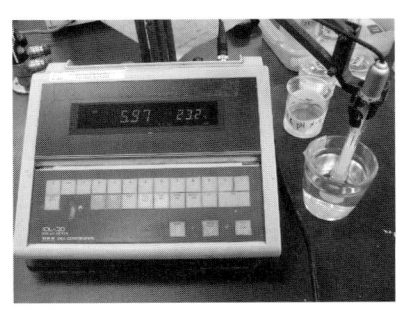

実験などに用いる超純水を製造することもできる。常時，一定品質の水を得るためには，定期的なメンテナンスが必要である。

(10) pHメーター

溶液のpH（水素イオン濃度）を測定するための機器で，精密なガラス電極を用いて電極の内部液と被検液の電位差によりpHを測定する。

ガラス電極下部のガラス球部分は，非常に薄くて破損しやすいため取り扱いに十分注意し，内部液は減少したら補充しなければならない。測定時には，電極の測定部側面にある液絡部（小孔）が必ず検液に浸るようにする。また，電極は常に水に浸け，長時間空気中にさらさないようにする。

a．pHメーターの使用法

① pHメーターの電源を入れ，ガラス電極上部のゴムキャップを外す。
② 測定するpH域を含む2つのpH標準緩衝液を用いて，2点校正（キャリブレーション）を行なう。緩衝液を換えるごとに電極は純水で洗浄し，ろ紙片やキムワイプなどで水分を拭き取る*10。
③ 校正終了後，電極を純水で洗浄し，ろ紙片やキムワイプなどで水分を拭き取る。
④ 電極の液絡部まで被検液に浸し，温度を確認しながら安定化を図り，pHを読み取る*11。
⑤ pHを調整する場合には酸または塩基を加えて調整する。
⑥ 測定終了後は電極を純水で洗浄し，純水の入ったビーカーに浸してゴムキャップを閉めてから電源を切る。

(11) 分光光度計

溶液の吸光度や光の透過率，色などを測定する機器で，微生物の菌体量，微生物の生産物や糖消費量，微生物菌体のタンパク質量や核酸量などを測定するために用いられる。用途に応じて分光蛍光光度計やマイクロプレートリーダーなどもあるが，通常，紫外可視分光光度計のことを指す。

*10　pH標準緩衝液は常に正確なものを用いる。

*11　必要に応じて被検液をマグネチックスターラーを用いて撹拌する。

分光光度計は物質が紫外部から可視部(200〜780 nm)の光を選択的に吸収することを利用し、入射する光に対する吸収強度を測定して物質の濃度を求めたり、各波長に対する吸収スペクトルを調べたりすることができる。測定用セルは紫外域・可視域で使える石英製セル、可視域のみに使えるガラス製やプラスチック製(一部紫外可)セルがある[*12]。一般に吸光度は1.0以下で測定し、試料濃度を調整して0.2〜0.7の範囲で測定するのが最も誤差が少なく精度がよい測定が行なえる。

a．分光光度計の使用法

① 電源を入れると自動で機器のチェックと初期設定が行なわれるので、光源が安定するまで待つ。電源は早めに入れておくとよい。

② 測定波長を設定する[*13]。紫外域と可視域では使用するランプが異なるので必要なランプが点灯しているかに注意する。

③ 対照(ブランク)液を入れたセルを試料室のセルホルダーにセットし、オートゼロを押して0点校正をする。ダブルビーム型の場合は試料用、対照用セルホルダーの両方に対照液をセットする。

④ 試料液を入れたセルを試料室のセルホルダーにセットし、吸光度を測定する。

⑤ 定量する場合は、標準溶液を用意して検量線を作製する。

紫外可視分光光度計　　　超微量分光光度計

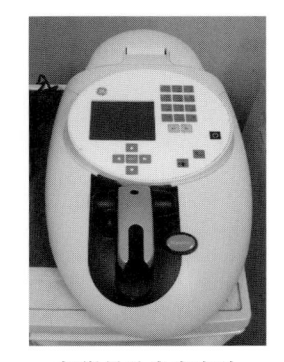

図1-17　分光光度計

⑿　顕微鏡

微生物の形や大きさ、微生物数の測定、微生物の細胞構造などを観察するために用いられる。光とレンズにより微細な物を拡大して視覚的にとらえることができるようにする光学顕微鏡と、さらに微細な構造を電子線と電界や磁界からなる電子レンズで映像にする電子顕微鏡がある。

[*12] **セルの使用法**
セルは使用前に純水で洗浄し、試料で共洗いしてから使用する(エタノール中にセルを保存した場合)。

セルは試料を入れた後、表面をキムワイプなどできれいに拭いて気泡や汚れがないことを確認し、二面透過のセルの場合は、セルの光の透過する面と光の方向を揃えてセルホルダーにセットする。

セルは使用後に純水でよく洗浄し、風乾するか、70%程度のエタノールにつけて保存する。セルの汚れがひどい場合には、洗剤に浸け置きしてから純水でよく洗浄する。

[*13] 微生物実験で主に使われる測定波長は、菌体量(600nm, 660nm)、核酸量(260nm)、タンパク質量(紫外吸収法280nm、ビューレット法546nm、BCA法562nm、ブラッドフォード法595nm、ローリー法750nm)、糖量(フェノール硫酸法490nm、ソモギー・ネルソン法520nm)などである。

a．光学顕微鏡

　光学顕微鏡は主に可視域光線，あるいは可視域付近の紫外線，近赤外線を標本（試料）に照射し，標本からの透過光，反射光，蛍光などを複数のレンズ（複式）で結像させて，目やカメラ映像で観察する[*14]。一般の光源を用いて可視域の光線で観察する場合，2つの点が別々の物としてとらえられる距離（分解能）の限界は，レンズなどの性能も考慮に入れると$0.3\mu m$程度で，それ以下の微生物は十分に観察できない。

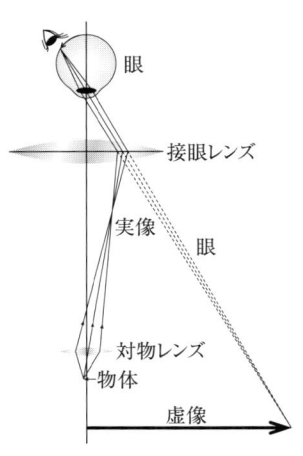

＊14　光学顕微鏡の原理

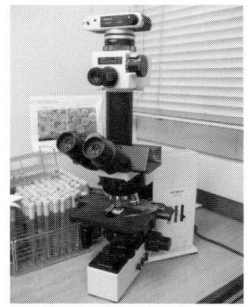

図1-18　明視野顕微鏡 　　　図1-19　蛍光顕微鏡 　　　図1-20　実体顕微鏡

　光学顕微鏡は様々な用途に応じて光学系の器械構成が異なり，プレパラート（スライドガラスに載せた標本）の上方から観察する正立型と，シャーレなどの培養細胞を下方から観察する倒立型がある。それぞれには照明形式の違いにより標本からの透過光を観察する透過型と，標本からの反射光を観察する落射型がある。また，照明方法と観察方法の違いにより明視野顕微鏡，暗視野顕微鏡，位相差顕微鏡，微分干渉顕微鏡，蛍光顕微鏡，共焦点レーザー顕微鏡，実体顕微鏡などがある。

　明視野顕微鏡：標本に均一な光を照射し，標本の厚さなどによるコントラストのついた透過光の像を観察する。微生物実験で使用する基本的な光学顕微鏡である。標本が薄く透過光のコントラストが付き難い場合は，細胞の染色を行なう。

　位相差顕微鏡：透明な標本に位相差用コンデンサーで光を照射すると，標本を通った光と標本を通らなかった光により位相差が生じ，これを明暗に変えて観察する。染色せずに培養細胞の構造（鞭毛，核，染色体）などの観察ができる。

　蛍光顕微鏡：超高圧水銀ランプなどの紫外線や可視光線から，励起フィルターなどを使用して特定波長の光（励起光）だけを取り出して標本に照射し，標本や対象物が発する蛍光だけを透過させて蛍光像を取り出して観察する。蛍光色素や蛍光マーカーで染色，標識して観察するため，細胞の特定な分子や構造，細胞小器官などを，電子顕微鏡よりも明瞭に観察することもできる。

実体顕微鏡：標本にLEDなどの落射照明装置で上から光を照射し，対物レンズからステージまでの観察距離が長いことより，比較的大きな実物をそのままの状態で標本として立体的に観察する。糸状菌の観察などに用いられる。

b．光学顕微鏡の構造

鏡　基：光学顕微鏡の基本骨格で，照明装置を備えた脚部とアームよりなる。

鏡　筒：接眼レンズをセットし，対物レンズからの光路を確保する。

レボルバー：対物レンズをセットし，回転させてレンズを変換する。

ステージ：標本を乗せる台で，スライドガラスを固定する。スライドガラスを移動させることができる十字移動装置が付いたものがある。

コンデンサー：照明装置からの光を集光させ，標本を明るく均一に照明する。

粗動ねじ及び微動ねじ：ステージ，または鏡筒を上下させて焦点を調節する。粗動ねじで観察対象を探し，微動ねじで正確に焦点を合わせる。

c．光学顕微鏡の使用法

■ 取り扱い上の注意

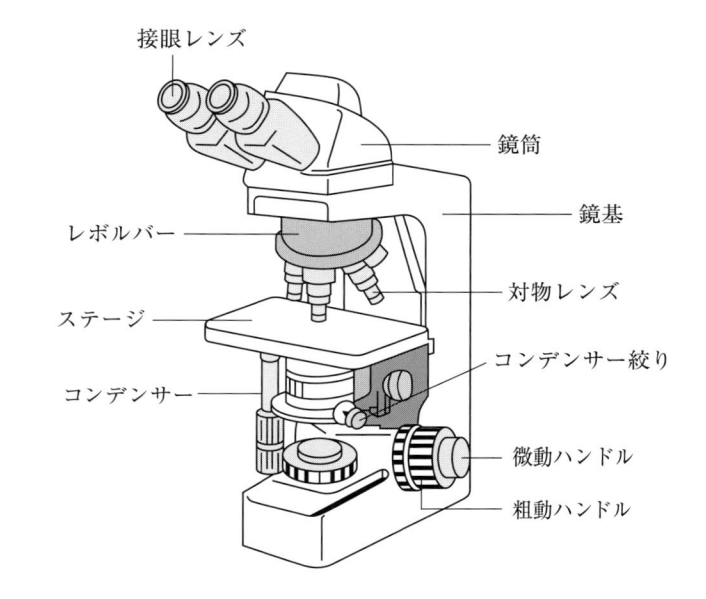

図1-21　光学顕微鏡の構造

- 顕微鏡は精密な光学器械であり，取り扱いには細心の注意を払う。
- 顕微鏡を持ち運ぶときには両手で抱えて持ち，強い衝撃を与えない。
- レンズ面は指で触れない。
- 接眼レンズは常にセットしたままにしておくが，はずした際は鏡筒内に埃などが入らないように必ずふたをする。
- 対物レンズをレボルバーに取り付けるときは，レンズを落とさないよう慎重に行なう。
- 顕微鏡の金属部分の汚れはガーゼなどで拭き取る。
- レンズに付いた試料などの水溶性の汚れは，レンズペーパーやガーゼなどに蒸留水を含ませて拭いた後，よく乾燥させる。埃などはカメラ用のブロワーで吹き飛ばすか，レンズペーパーやガーゼなどで軽く拭き取る。
- 油浸用の対物レンズを使用した後は，レンズペーパーやガーゼなどにエタノールやキシロールを含ませてきれいに拭き取る。

■ 検鏡法

① プレパラートの作製は，スライドグラス上に水滴を1滴落とし，この水滴に火炎殺菌した白金耳などで採取した菌体を少量懸濁する。次にカバーグラスの一辺の端を菌体懸濁液につけて斜めに立て，気泡が入らないように静かに重ねる。余分な水はろ紙やキムワイプなどで吸い取る[*15]。

② 顕微鏡の電源を入れ，照明装置の強弱，コンデンサー絞り，コンデンサーの位置などを調節し，光量を適切な状態にする。

③ 対物レンズは，最初に観察倍率より低倍率(10倍程度)で作動距離の大きいものをセットする。広い範囲で標本をとらえてから，高倍率に変換して焦点を合わせる。

④ プレパラートをステージ上の十字移動装置(メカニカルステージ)に固定し，十字移動装置を前後・左右に動かしてプレパラートの中心が対物レンズの真下に来るように調節する。

⑤ 横から肉眼で見守りながら粗動ねじをゆっくり回してステージを動かし，低倍率の対物レンズの直下にプレパラートをできるだけ近づける。

⑥ 接眼レンズをのぞきながら粗動ねじをゆっくり回し，対物レンズとプレパラートの距離を離して行くと試料が見えて来るので，焦点(ピント)を合わせる[*16]。

⑦ 十字移動装置を動かして観察対象を探し，視野の中心にする。

⑧ レボルバーをゆっくり回転させ，観察倍率になるように高倍率の対物レンズに変換する[*17]。

⑨ 微動ねじで焦点をしっかり合わせ，光の量を再度調節してから観察する。

⑩ 油浸法で油浸レンズを用いて観察するときは，対物レンズとプレパラートの間にオイルを滴下し，対物レンズの先をオイルに浸して検鏡する[*18]。使用後はオイルをエタノールなどできれいに拭き取る。

■ スケッチの仕方

観察した細胞の大きさや形がわかるように，視野全体だけではなく，細胞の一つ一つを大きい図で，細部まで正確に描く。カビなどは微動ネジを上下させながら観察し，常に立体像を把握しながら描く。スケッチには先の尖った鉛筆を用いて，輪郭は明瞭な一続きの実線で描き，陰影を付けずに濃淡は点の密度で表す。

d．電子顕微鏡

電子顕微鏡は真空に近い状態で加速した電子線を標本(試料)に照射し，標本から発生する電子線や透過した電子線を電界や磁界を利用した電子レンズ(複式)で結像させ，蛍光板やカメラ映像で観察するものである。光学顕微鏡の分解能が $0.3\mu m$ 程度であるのに対して，電子顕微鏡の電子線の波長は加速電圧によって

[*15] スライドグラス，カバーグラスは手や指の油分が付かないようにピンセットを用いて扱うとよい。

[*16] 試料が透明な場合には気泡などを目安にするとよい。

[*17] 正確にピントが合っている場合には起こらないが，対物レンズがスライドグラスやカバーグラスなどに触れないように十分注意する。特に試料に厚みがある場合には注意を要する。

[*18] 高倍率で開口数の大きい対物レンズを用いる場合は，空気より屈折率の大きいオイルを用いて効率よく光を対物レンズに集めて観察する必要がある。

変化するため，分解能は0.2 nm 程度となって光学顕微鏡では観察できないウイルスや微生物の微細な構造を観察するのには適している。しかし，生きたままの細胞を観察することは困難である。電子顕微鏡は用途に応じて，微生物の表面形状や凹凸を観察するための走査型電子顕微鏡(SEM)と，微生物の細胞小器官や構造を観察するための透過型電子顕微鏡(TEM)がある。

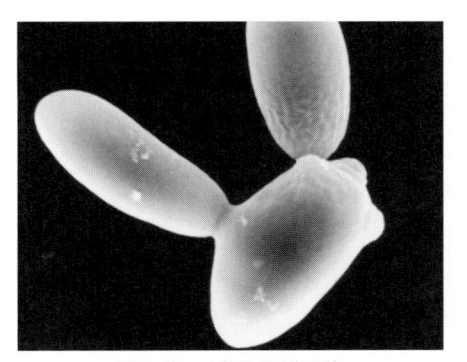

図1-22　酵母の電顕像

図1-23　カビの電顕像
（矢口行雄東京農業大学教授提供）

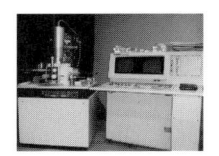

走査型電子顕微鏡

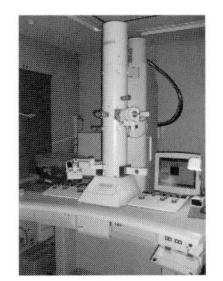

透過型電子顕微鏡

3 器具

(1) 器具の使用法

a．試験管

微生物の培養などで用いられる，外径や長さ，リムの有無などで様々なものがある。長さ165 mm，外径16.5 mm のものがよく用いられるが，ねじ口試験管，振とう培養用のL字型試験管，発酵試験用の小試験管やワッセルマン試験管(長さ105 mm，外径15 mm)などがある。

b．フラスコ

微生物の培養などで用いられ，様々な形状のものがある。三角フラスコ，振とう培養用の坂口フラスコ(振とうフラスコ，肩付きフラスコ)やバッフル付きフラスコ，好気性微生物培養用に液面を広くしたフェルンバッハフラスコ，角形フラスコなどがある。

c．シャーレ(ペトリ皿)

微生物の平板培養などに用いられ，様々な大きさのものがある。直径9 cm 程度のものが最も一般的で，使い捨ての滅菌済プラスチックシャーレ(ディスポーザブルシャーレ)も多用される。

d．培養栓

微生物を培養する試験管や三角フラスコに用いる栓で，良質の木綿綿(青梅綿)で作製する綿栓，シリコン樹脂製で繰り返し使用できる乾熱殺菌可能なシリコセン，綿栓の代用で使い捨ての紙栓などがある。栓はフィルターの役割を果たし，培

養する微生物に無菌空気を供給したり，生成ガスなどを排出したりするための通気性がある。嫌気性微生物を培養する通気性のないゴム栓，シリコン栓などもある。

e．培養キャップ

培養栓と同様でキャップタイプのものには，アルミキャップ，ステンレスキャップ，シリコン樹脂製のCキャップ，Mキャップなどがある。使い方が簡単であり，短期間の培養によく使われる。

f．白金耳（エーゼ）

微生物の移植や分離操作で培地に菌を植菌するときに用いられる。専用のステンレス製，アルミ製の白金耳ホルダーに長さ5～8cmの白金線（ニクロム線で代用）を付け，用途によって白金線の先端の形を変える。先端を直径3mm程度の輪にしたものは白金耳，先端を3～5mm程度直角に曲げたものは白金鉤，先端をまっすぐにしたものは白金線といい，白金耳は細菌や酵母，白金鉤はカビ，白金線は乳酸菌の移植に適している。通常，火炎殺菌して使用するが，使い捨ての滅菌済みのものもある。

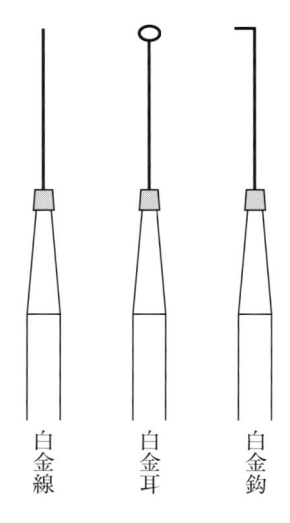

図1-24　白金耳（エーゼ）

g．コンラージ棒・ターンテーブル

コンラージ棒は，微生物の分離操作で平板培地に菌を塗抹するときに用いられ，三角型，丸形，T字型，L字型などがある。それぞれガラス製，金属製，プラスチック製（滅菌済み使い捨て）があり，エタノールに浸けておき，必要に応じて火炎殺菌して使用する。ターンテーブルを使用してシャーレの平板培地を回転しながら塗抹することもできる。

h．ビーカー

試薬などを溶解するときに用いられる。目盛は目安であり正確な容量は量れない。

i．メスシリンダー・メスフラスコ

メスシリンダーは，液体の容量を量り取るときに用いられ，メスフラスコは，試薬などの調製で表示された一定量に溶液を正確に定容するときに用いられる[*19]。歪みができて容量が狂わないように加熱乾燥は行なわない。

j．分注管・分注器

培地の調製で溶解した液体培地や寒天培地などを，試験管などの容器に一定量分注するときに用いられる。分注器は一定量を連続して分注することができ，大量に分注するときは便利である。寒天培地は温度が下がると固化するため，管内で固化しないよう手早く分注し，分注後すぐに熱水を通してから洗浄する。

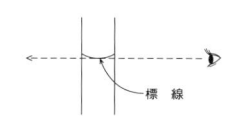

*19　測容器の目盛り，標線の読み方
　目盛りを読み取るときは常に目盛りの位置を目と水平の位置に置く。溶液上部に容器の表面と液面の作用により，三日月型をしたメニスカスが生じる。メニスカスの最低部の点と目盛りの接線を容量として読む。着色した溶液では上端を読む場合もある。

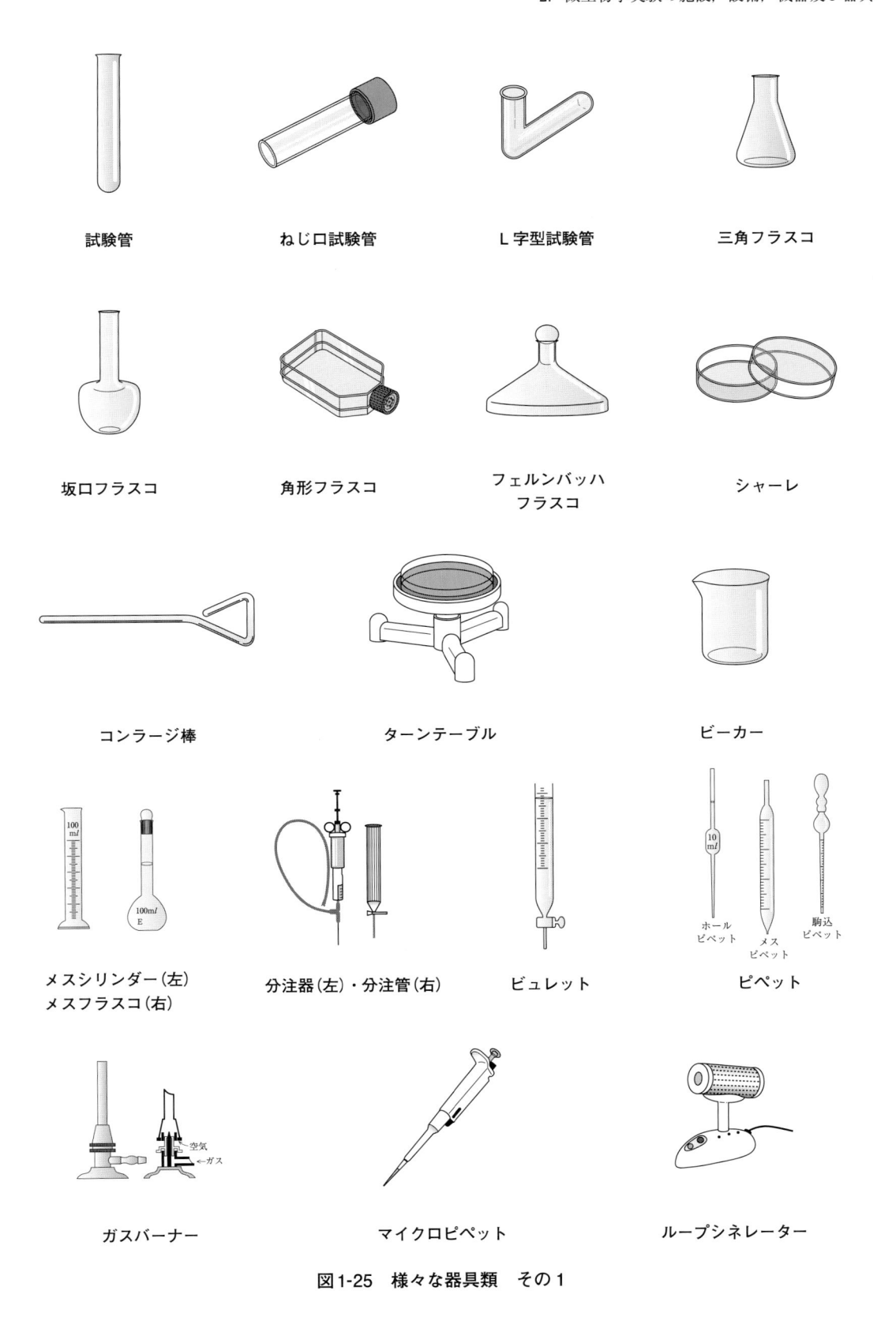

2. 微生物学実験の施設，設備，機器及び器具

試験管	ねじ口試験管	L字型試験管	三角フラスコ
坂口フラスコ	角形フラスコ	フェルンバッハフラスコ	シャーレ
コンラージ棒	ターンテーブル		ビーカー
メスシリンダー（左）メスフラスコ（右）	分注器（左）・分注管（右）	ビュレット	ピペット（ホールピペット／メスピペット／駒込ピペット）
ガスバーナー	マイクロピペット		ループシネレーター

図1-25　様々な器具類　その1

k．ビュレット・スタンド・クランプ

ビュレットは，滴定に用いられ，微生物実験では培地調製で微量成分を一定量添加・分注したりするときにも用いられる[20]。クランプ（ホルダー）を使ってスタンドに固定して使用する。

l．ピペット

液体を一定量採取するときに用いられ，微生物実験では菌体懸濁液を培地に一定量接種するときも用いられる。任意の量を採取するメスピペットよりホールピペットの方が正確であり，液体を滴下して加える場合は駒込ピペット，パスツールピペットなどが使われる。また，0.1〜1000μL程度の微量の液体を簡単に採取できるマイクロピペットもある。

■ ピペットの使い方

① 安全ピペッター，または口で液体をゆっくり目盛の上まで吸い上げる。液体を口に吸い込まないようにピペットの先端は液体中に入れる。

② 人差し指で吸い口を押さえて液体が流れ落ちないように止める。

③ 垂直にしてピペットの目盛を目の高さにし，ゆっくり液体を排出して液面を目盛に合わせる。

④ ピペットの先端を容器の内壁に付け，一定量の液体をゆっくり排出する。

⑤ メスピペットの場合は，ピペットの目盛を目の高さにして必要量を排出したところで液面を目盛にあわせる。ホールピペットの場合は，ピペットの吸い口を人差し指で押さえ，もう一方の手で中腹のふくらみを握って温め，ピペット先端の残液も完全に排出する。

■ マイクロピペットの使い方

① 容量目盛りを合わせてからピペットにチップを装着する。

② ピストンを第1ストップ（1度押して止まるところ）まで押して指を離し，液体を吸い取る。

③ ピストンを第1ストップまで押して液体を排出し，第2ストップ（第1ストップからさらに押し込んだところ）まで押して液体を完全に排出する。

m．ガスバーナー・ループシネレーター

ガスバーナーは，白金線の火炎殺菌，寒天培地の溶解や保温のための湯煎の加熱，顕微鏡の標本作製のための菌の固定などに用いられる。

ループシネレーターは，電気ヒーターで白金線を加熱殺菌する。燃焼管内で加熱殺菌するため，微生物の飛散（エアロゾル）を防ぐことができる。

■ ガスバーナーの使い方

点火時の正しい炎とは，ガス量に対して十分な酸素を供給した青色の内炎（還元炎）と，温度の高い外炎（酸化炎）がはっきりしたものである。

---

*20 滴定の仕方

ビュレットを滴定溶液で共洗い後，目より下の位置で漏斗を使って滴定溶液を入れ，滴定前の目盛りを読む。溶液の色が見やすいように滴定容器の下に白い紙などを敷く。ビュレットのコックを左手で持ち，滴定する容器を右手で持って振り混ぜながら一定の速度で滴定する。終点に近づいたら1滴ずつ慎重に滴下し，終点を決めて目盛りを読む。

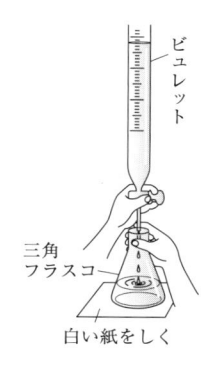

ビュレット
三角フラスコ
白い紙をしく

内・外炎

① ガス量調節ねじと空気量調節ねじがしまっていることを確認してガスホースをガスの元栓に差し込み，元栓を開く。
② ガス量調節ねじを回して少量のガスを出し，点火する。
③ ガス量調節ねじを回して適当な大きさの炎に調節し，さらに空気量調節ねじで空気量を調節して完全燃焼(青い炎)させる。
④ 使用後は，元栓をしめてからガス量調節ねじ，空気量調節ねじをしめる。

n．湯煎鍋・三脚

湯煎鍋は，寒天培地の溶解などに用いられる。三脚を使って湯煎鍋を支持して使用する。湯煎鍋で加熱するときは，培地の液面より湯煎の液面が上になるように十分水を入れる。

o．遠沈管・マイクロチューブ

菌体を回収したり，試料の固液を遠心分離するときに用いられ，ガラス製やプラスチック製のものがある。

p．ろ過器

固体の液体をろ別，菌体重量を測定するときに培養液をろ過，加熱分解する試薬や培地を殺菌するときなどに用いられる。ろ過にはろ紙，ガラスフィルター，メンブランフィルター，限外ろ過膜などが使われる。メンブランフィルターは細菌細胞もろ別することができ，減圧ろ過用のガラス製，ステンレス製あるいはプラスチック製フィルターホルダー，加圧ろ過用のシリンジ式フィルターユニット，遠心ろ過用のカートリッジ式遠心チューブなどの装置がある。使用するフィルターの孔径は，使用目的によって選択する。

q．スライドグラス・カバーグラス

光学顕微鏡で微生物観察の標本を作るときに用いられる。スライドグラスは試料を載せる $26 \times 76 \times 1.2$ mm 程度のガラス板で，カバーグラスは試料を押さえる $18 \times 18 \times 0.15$ mm 程度の薄いガラス板である。

r．コルネットピンセット

微生物を染色して光学顕微鏡で観察するときに，スライドグラスやカバーグラスを固定するのに用いられる。

s．ミクロメーター(測微計)

微生物細胞の大きさを光学顕微鏡で測定するときに用いられるガラス製の顕微鏡用物差しである。ミクロメーターには目盛りだけが刻まれ，接眼レンズにセットする接眼測微計(ocular micrometer)と，スライドグラス状で1目盛りの大きさが規定され，接眼測微計の1目盛りの大きさを決めるための対物測微計(object micrometer)がある。精密な器具であるため取り扱いには十分に注意し，観察する倍率で接眼測微計の目盛りを決める必要がある。

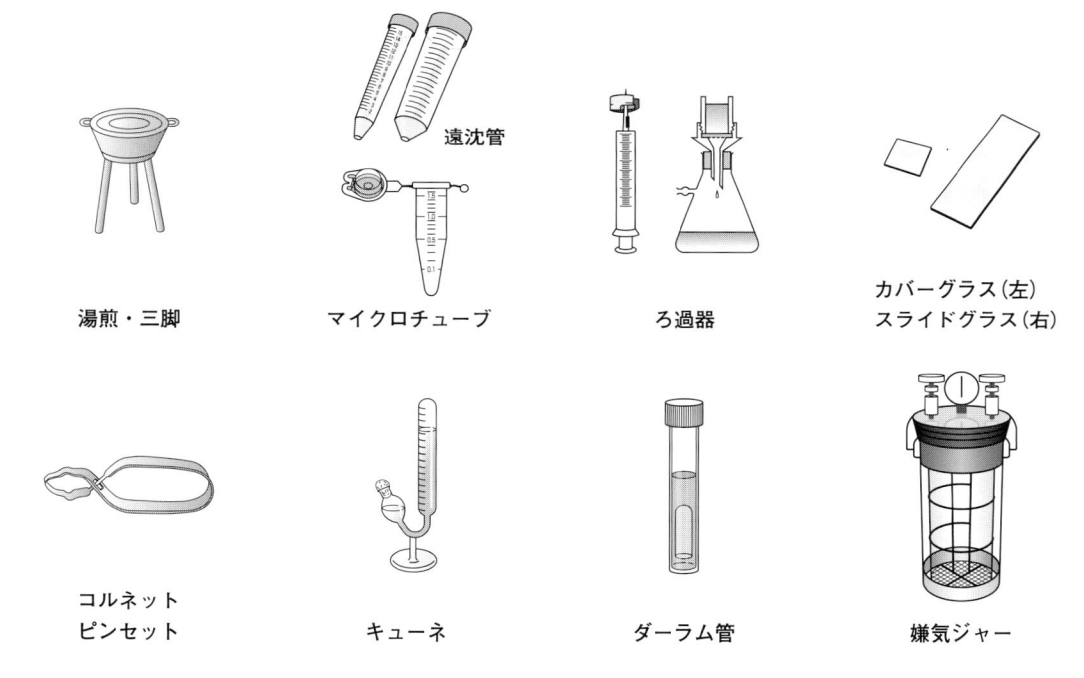

図1-26 様々な器具類 その2

t．血球計算盤

微生物の細胞数を光学顕微鏡で測定するときに用いられる。区画の大きさや深さの違いでトーマ，ビルケルチュルク，改良ノイバウエル，フックスローゼンタールの血球計算盤などがあるが，微生物実験ではトーマ血球計算盤が多用され，厚めのスライドガラス状のガラス板の中心部に一辺 0.5 mm の区画が多数刻まれ，厚手 (0.4 mm) のカバーガラスで覆うと高さ 0.1 mm の空間ができるため，一定容積中の細胞数を測定することができる。

u．発酵管

微生物の発酵能を測定するときに用いられる。ダーラム発酵管はガス発生の有無を判定することができ，キューネ（アインホルン）発酵管はアルコール発酵試験などでガス発生量を測定することができる。

v．嫌気ジャー

偏性嫌気性微生物を嫌気培養するときに用いられる。真空ポンプで空気を除去して炭酸ガスなどの不活性ガスを封入するもの，水素を発生させて空気中の酸素を除くガスパック法，金属で空気中の酸素を除くスチールウール法などに使用するものがある。

(2) 器具の洗浄

a．器具洗浄の一般的注意事項

・ 使用した器具は流し台に放置せず，直ちに洗浄して片付ける。

- 大きな器具は両手で持ち，シリンダーなど背が高く不安定な器具は倒れて破損する危険性があるため，流し台に寝かせて置く。
- 破損したガラス器具は，原則として洗浄せずに廃棄する。
- 使用した器具はブラシやスポンジを使って洗剤で十分に擦って洗い，内側だけでなく外側も洗浄する。ラベルテープやマジック書きも必ず落とす。
- 洗剤で洗浄した後は水道水で十分にすすぎ，洗剤を完全に洗い流す[*21]。

    [*21] 洗剤が残っていることは汚れと同じである。

- 水道水ですすいだ後は器具の内側を純水ですすぎ，水道水に含まれる物質を除いてから，乾燥する。
- 器具の洗浄後，流し台を片付け，床が濡れた場合はきれいに拭き取る。
- 破損した器具の回収にはほうきなどを使用し，素手での処理は極力避ける。破片は完全に回収し，こぼれた液体は廃棄可能な紙タオルなどで拭き取る[*22]。

    [*22] 雑巾では細かな破片が残り，絞ったときに手を刺したり切ったりする。

b．試験管，フラスコ，シャーレの洗浄（図1-27）

① 器具に適したブラシやスポンジ等と，適宜希釈した市販の実験器具用中性洗剤（台所用洗剤でも可）を用意する。

② 内容物を捨て，水道水でよくすすぐ[*23]。

    [*23] 微生物を培養したものは殺菌し，回収が必要なものは回収してから廃棄する。

③ 容器内に水道水と洗剤を入れ，ブラシやスポンジを使って内側と外側を丁寧に洗浄する。大量の洗剤を使用すると洗剤が残り効率が下がる。器具の口と底部の隅部分は汚れが残りやすいためよく洗浄する。

④ 洗剤を落としたブラシやスポンジを使って洗剤の泡が出なくなるまで，水道水で洗剤を十分に洗い流す。目安として，容器を逆さにして表面に付いている水が水滴にならなければ洗浄ができている。

⑤ 器具の内側に純水を洗浄ビンで流し，水切り用の金網バスケットなどに口を下向きにして入れて定温乾燥機などで乾燥する。

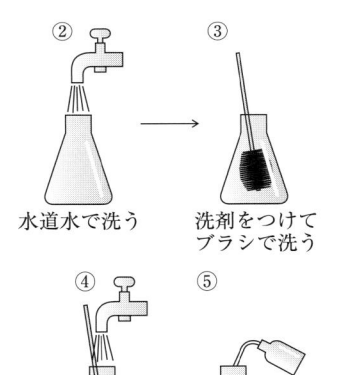

図1-27　器具の洗い方

■ その他の気をつけるべきこと

- L字試験管や坂口フラスコなどは，ビーズや超音波洗浄機で洗浄する。
- 汚れのひどいものは，一昼夜洗剤に浸け置くか，超音波洗浄機で洗浄してから，通常の手順で洗浄する。
- 汚れ（油脂，タンパク質など）によってはアルカリ性洗剤を用いる場合もあるが，長時間浸すとガラスが溶け出すので注意する。

c．ピペットの洗浄
① 微生物の培養液を扱ったものは，オスバン液などの殺菌剤を入れた円筒形の洗浄槽に浸して殺菌する。
② ピペットの内側，外側を十分に水道水で洗い流す。
③ アスピレーターを使ってピペットの内部に洗剤を流して洗浄する。あるいは洗剤を入れた洗浄槽に，ピペットの先端を上にして浸して洗浄する。
④ ピペット洗浄機にピペットの先端を上にして入れ，水道水（流水）で3時間以上洗浄する。
⑤ 純水でピペットの内側及び外側をすすぎ，水切り用の金網バスケット等に先端を上向きにして入れて風乾する。

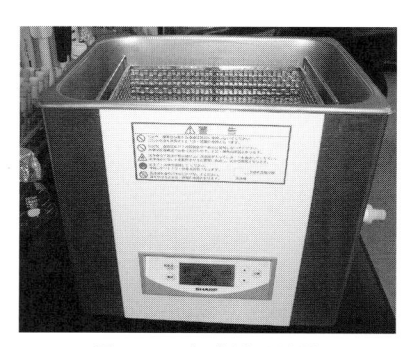

図1-28　超音波洗浄機　　　図1-29　ピペット洗浄機

d．メスシリンダー，メスフラスコの洗浄
① 使用後直ぐに水道水で十分洗浄する。
② 純水で内部をよくすすぐ。
③ 水切り用の金網バスケット等に口を下向きにして入れて風乾する。

■ その他の気をつけるべきこと
・測容器具はブラシなどで洗浄すると容積が変化するので，ブラシなどは使用しない。
・加熱すると容積が変化するので，乾燥機には入れない。
・汚れがひどいものは中性洗剤に浸け置いてから，ビーズなどを用いて洗浄する。

e．スライドグラスの洗浄
① オスバン液などの殺菌剤を入れた洗浄バットに浸して殺菌する。
② 十分に水道水で洗い流す。
③ 洗剤を入れた洗浄バットに，スライドグラスを浸して汚れ（油分）を落とす。あるいは洗剤を含ませたガーゼを使って洗浄する。
④ ガラスに傷を付けないスポンジ，あるいはガーゼを使って，水道水で十分に洗剤を洗い流す。

⑤ 水をよく切ってから乾燥して収納する。あるいは指紋や油分が付かないように70%エタノール溶液を入れたタッパーに浸け置きし，使用時には水洗してガーゼやキムワイプなどで拭いてから使用する。

■ その他の気をつけるべきこと
・カバーグラスは使い捨ての場合が多いが，洗浄するときはスライドグラス同様に洗浄する。
・血球計算盤もスライドグラスと同様に洗浄するが，正確な目盛があるため加熱したり，目盛の部分を擦ったりしてはならない。

3. 微生物学実験の基本操作

微生物を取り扱うときは殺菌（滅菌）法，無菌操作法，培養法などが最も基本となり，微生物研究を行うためには必ず修得しなければならない。

本項では，実際の微生物実験を行なうにあたって必要となる綿栓作製，培地調製，殺菌，無菌操作，培養，保存などの基本操作について説明する。

1 綿栓作製

培養栓である綿栓の綿は良質の木綿綿（青梅綿）を使用する。脱脂綿では吸水が悪い上，外部からの微生物を捕捉する力が弱く，化繊綿では高熱に耐えないので不適当である。

■ 綿栓の作り方[*24]（図1-30）

① 綿は折り重ねてあるため適当に広げ，7〜8cmほどの正方形にちぎり，綿栓表面となるしっかりした綿片を作る。綿は伸びるので大きくなりすぎないように注意する。

② 正方形の綿片の中心に綿を小片にちぎって積み重ね，両手の親指で押さえ固めて蓋となる芯（頭）を作る。小片が少ないと蓋となる部分ができず，多いと緩んで柔らかくなるので注意する。

③ 芯を両手の親指で押さえながら，対角線上で折りたたむように包み込み，直径2cm，長さ5cmほどの照る照る坊主様のものを作る。力を入れ過ぎて包み込むと表面の綿が破れるので注意する。

④ 綿栓の蓋となる芯（頭）を右手で放さないようにしっかり持ち，下部（足）の綿を整える。下部の綿は試験管に入る部分なので，多い場合は少量ちぎり取る。

⑤ 左手で必ず試験管の口元を押さえ，下部の綿の先端を試験管に入れ，綿栓を右に回しながら綿を押してねじ込む。入れている途中に右手を放すと綿が広がって最後まで入らず，柔らかくなるので注意する。

＊24 綿栓作製注意事項
(1) 使用する試験管などにはヒビが入っていたり，傷ついているものは絶対に使用してはならない。大ケガのもととなるため使用前に十分に点検を行なう。
(2) 必ず試験管等の口元を押さえて作製する。もし試験管等の下の部分を持って破損すると大ケガとなるので十分に注意する。
(3) 綿栓をとるときに綿がほどけてしまうため，左利きの人も右回しで綿栓をする。
(4) 試験管用の綿栓は中に3cm位入っているのがよい。綿栓の蓋（頭）が大きすぎたり，柔らかすぎたり，入っている部分（足）が緩んでいたり，蓋と入っている部分の境目（首）がしっかりしていないものは栓の役目をしないのでよくない。

綿を広げてちぎる　　　綿を積み重ねる　　　綿を折り込む

下部を整える　　　綿をねじ込む　　　綿栓完成

図1-30　綿栓の作り方

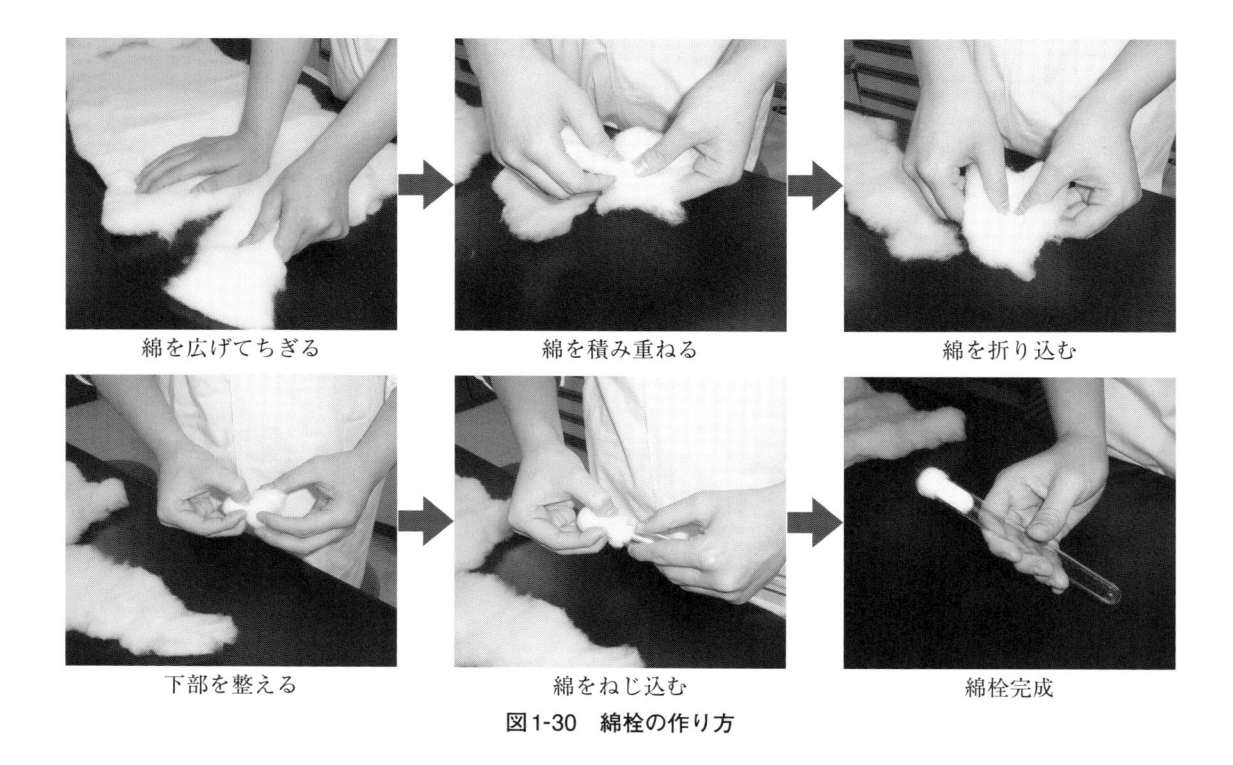

2　培地調製

　培地は微生物を培養するための栄養源であり、培養する微生物に適したものを選ぶ必要がある。また、培養する微生物によって微生物が利用できる栄養源(炭素源、窒素源、無機塩類、ビタミン類など)や培地環境(pH、物性など)を考慮しなければならない。

(1)　培地の種類

　培地は材料や物性などによりいろいろな種類がある。1種類の培地で全ての微生物に対応できないため、微生物の性質を考慮して培地を選択する。

a．天然培地と合成培地

　各種エキスなどの天然物を材料にした培地を天然培地といい、化学組成が明確ではなく、材料のロットなどにより微生物に影響がでる場合がある。一方、純粋な化学薬品を調合した培地を合成培地といい、これは化学組成が明確で、培養条件を一定にしやすい。また、天然物だけでなく、不足している成分を化学薬品で補った培地を半合成培地という。

b．液体培地と固体培地

　液状の培地を液体培地といい、これに寒天などを加えて固化させたものを固体培地という。固体培地は主に好気性微生物を培養する斜面(slant)培地、微好気性から嫌気性の微生物を培養する高層(stab)培地、微生物の分離などに用いる平板

(plate)培地がある。

c．その他の培地

　遺伝学的実験などで野生株(原株)，栄養要求株(変異株)ともに生育できる栄養素を含む培地を完全培地といい，野生株のみが生育できる最低限の栄養素を含む培地を最少培地という。また，微生物のス

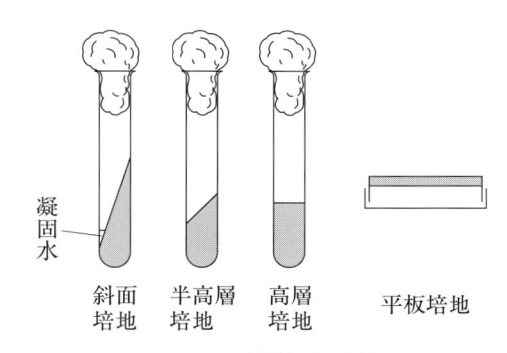

図1-31　固体培地の種類
(斜面培地，半高層培地，高層培地，平板培地，凝固水)

クリーニングなどで非選択的にできるだけ多くの微生物が生育できる栄養素を含む培地を普通培地といい，特定の微生物の生育を阻害する物質を添加し，目的とする微生物(特定の遺伝子型の微生物)のみ生育できる培地を選択培地という。

(2) 培地の栄養源と材料

a．栄養源

　炭素源は微生物のエネルギー源であり，糖類，有機酸，アルコールなどがよく使用される。しかし，利用効率の良いグルコースはグルコース抑制が働く場合があるため注意が必要である。窒素源はタンパク質の合成に必要で，アンモニウム塩や硝酸塩などの無機窒素化合物や，アミノ酸，タンパク質加水分解物などの有機窒素化合物がよく使用される。無機塩類はリン，カリウム，マグネシウム，カルシウム，硫黄，ナトリウムなどや，微量の鉄，銅，亜鉛，マンガン，コバルトが使用される。その他にもビタミン類，核酸などが生育に必要とされる。

b．材　料

　ペプトン：ミルク，肉，大豆などのタンパク質を酵素や酸で加水分解して乾燥したもので，アミノ酸，ペプチドなどの可溶性窒素化合物が主な成分である。原料タンパク質や分解方法で成分が異なるため，用途に応じて使い分ける必要がある。

　ミルクカゼインを酵素分解したペプトンはアミノ酸，特にトリプトファンが多く，含硫アミノ酸が少なく，酸加水分解したカザミノ酸は，タンパク質のほとんどがアミノ酸に分解されていて，ビタミンを含まないものはビタミンアッセイに用いられる。肉製ペプトンは含硫アミノ酸が多く，ビタミンを含んでおり，大豆製ペプトンはアミノ酸の他にビタミン類に富み，大豆の炭水化物を含んでいる。

　肉エキス：肉の浸出液を濃縮してペースト状にしたもので，可溶性窒素化合物，ビタミン類，無機塩類などを含んでいる。

　酵母エキス：ビール酵母やパン酵母を自己消化または低温抽出して低温乾

燥したもので，アミノ酸，ビタミン類，無機塩類などを含んでいる。肉エキスの代用として利用できる。

麦芽エキス：麦芽を水で抽出して乾燥したもので，マルトースなどの還元糖が主な成分である。

寒　天：テングサ，オゴノリなどの紅藻類の粘質物を溶出して乾燥したもので，アガロースやアガロペクチンなどの多糖類が主な成分である。固体培地を調製するときに用いる。製品により透明度，ゲル強度，粘度，凝固温度などに差があり，不純物が微生物の生育を妨げることがある。

その他：ジャガイモエキス，麹エキス，トマトジュース，コーンスティープリカー，肝臓エキスなどが使用される。

(3) 培地の調製

基本的な微生物の培養に用いられる培地を巻末の培地一覧(p.99～)に示した。

添加量が少ない微量成分は，5～10倍程度の高濃度溶液を調製して必要量を添加し，場合によっては調製した溶液を殺菌してストック溶液としておくと便利である。微生物実験で汎用される培地は，各成分を調合して粉末にしたものが各社より市販されており，溶解して殺菌するだけで培地として使用することができる。ただし，メーカーによって成分や含量が異なる場合があるので注意する。

a．培地調製の注意事項

- 水は，水道水，イオン交換水，蒸留水など用途に応じて選択する。
- エキス類は吸水性があるため，迅速に取り扱い，使用後は密栓する。
- リン酸塩はマグネシウム塩などが共存すると沈殿を生じることがあり，糖は他の成分といっしょに加熱殺菌すると褐色に着色することがあるため，培養に支障がある場合は個別に殺菌して混合する。
- 熱分解するものや揮発性のものは，ろ過滅菌してから加える。
- pHが低い寒天培地を加熱殺菌すると，寒天が分解して固化しなくなるため，個別に殺菌して混合する。
- 炭酸カルシウムを入れた培地を加熱殺菌すると，培地がアルカリになって分解する場合があるため，炭酸カルシウムは乾熱殺菌して混合する。

b．培地の作り方

① ビーカーに目的量より少ない水を入れ，材料を量り取って撹拌しながら添加して溶解する[25]。

② pHを測定し，塩酸または水酸化ナトリウム溶液でpHを調整する。

③ メスシリンダーで液量を測定し，水を加えて定容する。

④ 固体培地は寒天を加えて湯浴中で寒天を完全に溶解する。個別に分注しない場合は，加熱殺菌時に寒天が溶けるので，あらかじめ溶解する必要はない[26]。

[25] 無水の試薬やエキス類は固まるので注意する。

[26] 寒天は，電子レンジやオートクレーブで溶解してもよい。

⑤ 培地を分注管に入れ，殺菌した試験管などの口元に培地が付着しないように分注する*27。大量に分注する場合は分注器を使用する。

⑥ オートクレーブで殺菌する（オートクレーブ使用法，p.7〜参照）。

⑦ 殺菌後，液体培地と高層培地は試験管を直立させて放冷し，斜面培地は試験管を枕木に斜めに傾けて放冷して寒天を固化させる（図1-32）。平板培地は殺菌したシャーレに固体培地を迅速に流し込み，平らな場所で寒天を固化させる。固化後は，蓋を少し開けて培地表面の凝縮水を乾かし，水滴が培地の表面に落下しないように蓋を下向きにして置く（図1-33）。

*27 培地が付着した場合は，雑菌汚染の原因となるのでよく拭き取って栓をする。寒天が固化して分注管がつまる恐れがあるので注意する。

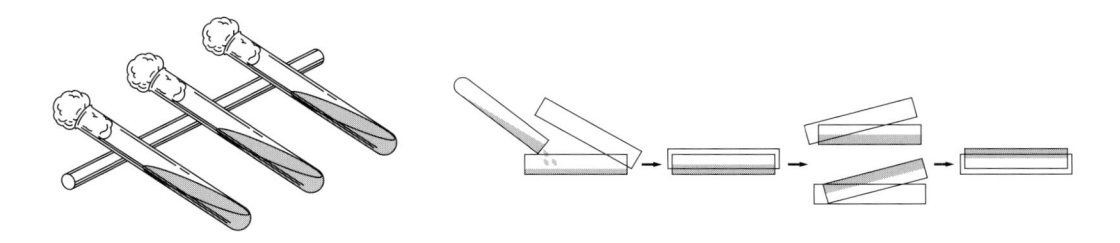

図1-32　斜面培地の作り方

図1-33　平板培地の作り方

3　殺　菌

微生物実験で使用する培地や実験器具などは，目的の微生物以外の微生物の混入をさけるため適切な殺菌が必要となる。

(1) 殺菌の定義

殺菌と同じような意味で使われる言葉に，滅菌，消毒があり，類似した言葉として除菌，静菌がある。しかし，微生物実験においてはそれぞれ意味が異なり，正確に把握する必要がある。

一般に殺菌は微生物を殺すことをいい，対象となる微生物や死滅させる程度，有効性の保証を含まないものである。滅菌は最も厳密な処理で，病原性，非病原性を問わず，すべての微生物を死滅あるいは除去することで，滅菌保証が必要となる。また，消毒は有害微生物を死滅あるいは除去して微生物の数を減らし，微生物の能力を減退させることをいう。一方，除菌は微生物を除去して減らすことをいい，静菌は微生物の生育を抑制することをいう。

(2) 殺菌の方法

微生物は殺菌法の熱，放射線，薬剤などにそれぞれ耐性があり，耐熱性の場合，表1-1のように微生物の種類で異なる。そのため，殺菌方法や時間を微生物の種類や数，対象物によって適切に選択する必要がある。

表1-1 微生物の熱耐性

	栄養細胞	胞子
カビ	60℃，5～10分	60℃，5～10分
酵母	50～58℃，10～15分	60℃，10～15分
細菌	70℃，5～10分	100℃，1分～20時間
ウイルス	50～60℃，20分	

　実際の加熱殺菌では図1-34のような加熱温度を一定にした状態で，対象となる微生物の生残曲線を描き，生残曲線から対象となる微生物数が10分の1に減少するための必要時間D値を求め，初期菌数aを希望菌数bまで減少させる加熱時間tを次式により求める。

$$t = D \times (\log a - \log b)$$

　滅菌する場合は，予め無菌性保証水準（SAL $\leq 10^{-6}$）を設定し，滅菌するものに生存する微生物数と種類から生残曲線でD値を求め，12Dが達成される滅菌時間を算出し，これに基づいた殺菌を実施し滅菌保証することにより滅菌が成立する。

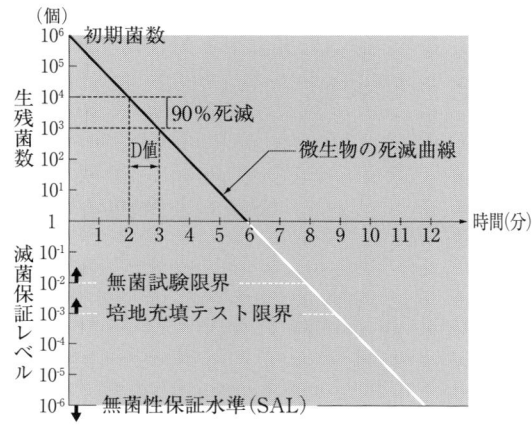

図1-34　微生物の生残曲線

a．加熱殺菌

　火炎殺菌：ガスバーナーなどの火炎中で直接加熱して殺菌する方法で，白金線，ピンセット，薬さじ，ナイフなどの器具や，無菌操作時の綿栓表面，試験管の口など，火炎による加熱で変性，破損しないものに用いられる。通常火炎中を数回通して加熱殺菌するが，白金線などは赤熱する。

　乾熱殺菌：乾燥空気中で加熱して殺菌する方法で，ガラス製，金属製，磁製の器具など，高熱で安定なものに用いられる。通常160～170℃で90～120分，170～180℃で60分，180～190℃で30分間加熱殺菌する。

　高圧（加圧）蒸気殺菌：飽和水蒸気中で加熱して殺菌する方法で，培地，試薬などの液状のものや，乾熱殺菌はできないが，比較的熱に安定なプラスチック製，ゴム製，繊維製のものに用いられる。通常115～118℃で30分，121～124℃で15分，126～129℃で10分間加熱殺菌する。

　常圧（流通）蒸気殺菌：加熱水蒸気中で殺菌する方法で，100℃で30～60分間加熱殺菌する。

煮沸殺菌：沸騰水中で殺菌する方法で，100℃で15分間以上加熱殺菌する。

　間欠殺菌：常圧蒸気または煮沸殺菌を1日1回，30〜60分行ない，それを3日間繰り返して殺菌する方法である。加熱していないときには常温に置く。

　低温殺菌（パスツーリゼーション）：60〜65℃で30分，80℃で10分間加熱殺菌する。

b．照射殺菌

　放射線殺菌：コバルト60などの放射性同位元素から放出される透過性が高いガンマ線により殺菌する方法で，包装したシャーレなど熱に弱いプラスチック製，ゴム製，繊維製のものに用いられる。

　高周波殺菌：2450±50 MHzの高周波を直接照射して発生する熱により殺菌する。

　紫外線殺菌：254 nm付近の紫外線により殺菌する方法で，無菌室，クリーンベンチなどの施設や設備，器具などに用いられる。影となる部分は殺菌できず，目や皮膚に照射すると障害を起こすので注意が必要である。

c．化学的殺菌

　ガス殺菌：酸化エチレン，過酸化水素，ホルムアルデヒドなどのガスにより殺菌する方法で，ガスの吸収や吸着がない器具や機器，無菌室などに用いられる。人体に有害なガスは，殺菌後ガス抜きを十分行なう必要がある。

　薬剤殺菌：化学薬剤（殺菌剤）により殺菌する方法で，無菌室などの施設，ガラス製，金属製，ゴム製，プラスチック製の器具，手指の殺菌などに用いられる。化学薬剤は殺菌の効力により，高水準，中水準，低水準に分けられる[*28]。薬液に漬け込む浸漬法，ガーゼや布など染み込ませて拭き取る清拭法，スプレーなどで霧状にして撒く散布法，管状構造に流し込む灌流法などがある。

[*28] **高水準**：グルタラール，過酢酸，過酸化水素
中水準：次亜塩素酸系（次亜塩素酸ナトリウム：商品名 ミルトンなど）アルコール系（エタノールなど）フェノール系（クレゾールなど）
低水準：第四級アンモニウム塩（ベンザルコニウム塩化物：商品名 オスバンなど）両性界面活性剤（アルキルジアミノエチルグリシン塩酸塩など）

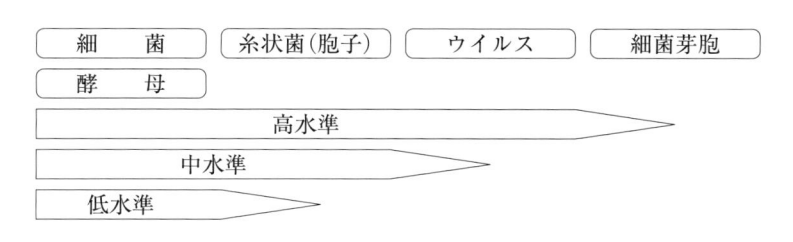

図1-35　薬剤の抗菌スペクトル

d．ろ過除菌

　除菌フィルターとろ過器を用いて微生物を除く方法で，気体や熱に不安定な培地，試薬などに用いられる。通常，フィルターは孔径0.22〜0.45μmのものを用い，加圧あるいは減圧してろ過する。

4　無菌操作

微生物の分離や植菌操作では，無菌環境下において適切な無菌操作を行なわなければならない。無菌環境は実験の目的や使用する微生物によって様々であり，必要に応じて適宜選択する。

(1)　無菌環境

a．開放系での無菌環境

実験室を密閉し，殺菌剤（オスバン液など）で殺菌した実験台で，確実に火炎殺菌の手順を踏めば，開放状態でも無菌操作を行なうことができる。しかし，常に落下菌の混入に注意して操作することが必要である。カビを取り扱っている場合には特に注意が必要で，空気の移動をできるだけ少なくし，容器の蓋の開閉時間や容器の口の向き（下向きなど）に注意を払う必要がある。

b．無菌箱・無菌フード

クリーンベンチの普及で無菌箱はあまり用いられなくなったが，胞子の飛散しやすいカビなどを扱う際には便利である。無菌箱は側面から手を入れて操作できるガラス張りの木箱で，使用前に殺菌剤（オスバン液など）を噴霧して内部を殺菌する。無菌フードは簡易無菌箱で，金属製の枠組みに透明のビニールシートを掛けたもので，火気の取り扱いには注意が必要である。

c．クリーンベンチ

クリーンベンチで使用する器具，実験者の手指などの殺菌を確実に行なう必要がある（p.3〜参照）。

d．バイオクリーンルーム

室外からの微生物混入を防ぐために室内を陽圧にし，室外から持ち込むすべてのものは殺菌を確実に行なう必要がある（p.3参照）。

(2)　植菌操作（図1-36）

① 試験管の培養栓（綿栓，シリコセンなど）を1/3ほど引き出し，左手に微生物を培養した試験管と新しい培地の試験管を水平にして持ち，右手に白金耳（線・鉤）を持つ[*29]。

② 白金耳を持ったまま，2本の試験管の培養栓の頭部を右手のあいている指の間に挟んで静かに抜く。

③ 試験管の管口部をガスバーナーの火炎中に2，3回通して殺菌し，管口部をガスバーナーの火炎付近（火炎の直ぐ側，あるいは火炎上）に固定しておく[*30]。

④ 白金耳のニクロム線部分をガスバーナーの火炎中に垂直に入れ，赤熱させて殺菌する。ホルダーの金属部分も軽く火炎中をくぐらせて殺菌する。

⑤ 火炎殺菌した白金耳のニクロム線部分を新しい培地につけて冷却する。

⑥ 冷却した白金耳を微生物を培養した試験管の中に入れ，白金耳の先端に菌

[*29] 斜面培地の場合は表面が見えるように持つ。

[*30] 火炎付近は無菌状態になっている。

3. 微生物学実験の基本操作

体を少量付着させて取る。

⑦ 白金耳を新しい培地の試験管の中に入れ、白金耳に付着している菌体を培地に軽く接触させて植菌(接種)する。

⑧ 植菌後、白金耳をガスバーナーの火炎中で赤熱させて殺菌してから下に置く*31。

⑨ 試験管の管口部をガスバーナーの火炎中に2,3回通して殺菌し、培養栓の管に入る部分、特に指に挟んだ部分を軽く焙ってから、栓を試験管に差し込む*32。

*31 菌体が飛散して汚染を起こさないように、白金耳の先端をゆっくり炭化させるように斜めから内炎に入れて加熱し、その後白金耳を立てて外炎でニクロム線全体を赤熱させる。

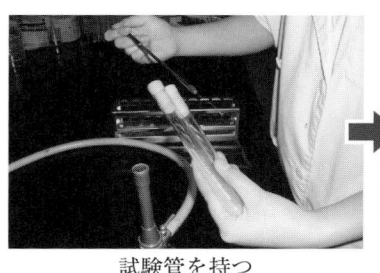

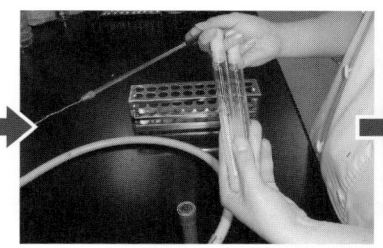

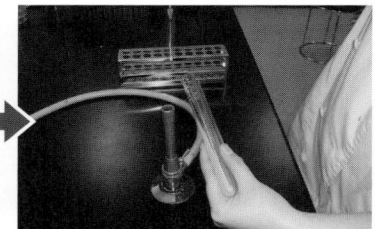

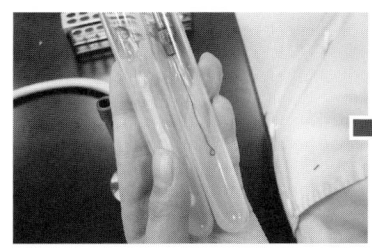

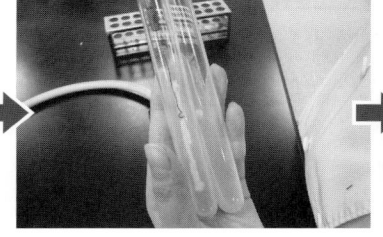

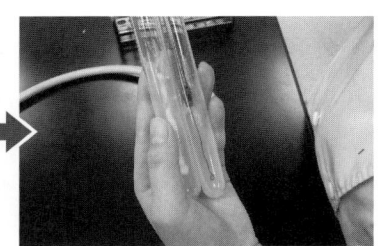

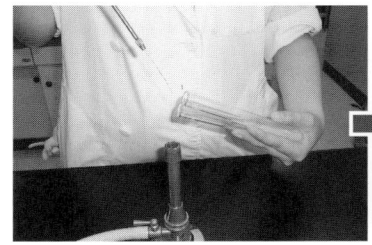

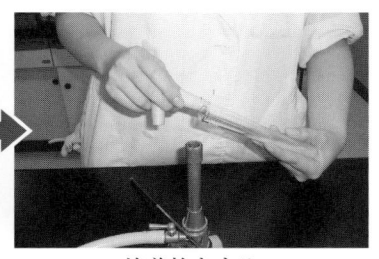

試験管を持つ　　培養栓を抜く　　白金耳を殺菌

白金耳を冷やす　　菌を取る　　画線する

白金耳を殺菌　　培養栓をする

*32 綿栓は焙りすぎると焦げて培地内に入ったり、燃えることがあるので注意する。

図1-36　植菌操作

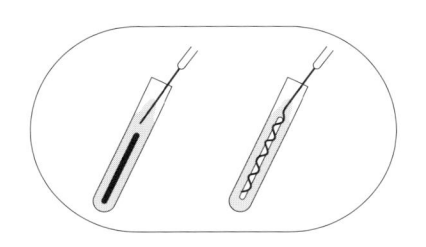

図1-37　斜面の画線方法 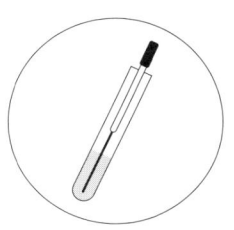　　図1-38　穿刺の方法　　図1-39　平板の画線方法

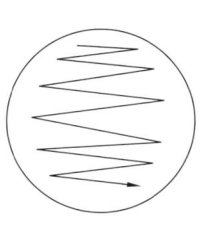

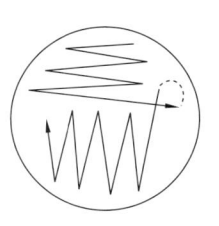

5 微生物の培養

微生物の保存や分類・同定では決められた方法で培養することが多いが，生態学，生理学的実験や有用物質の生産においては培養自体が重要な因子となるため，培養条件などを設定する必要がある。

(1) スクリーニング

自然界から有用な微生物を検索し，純粋分離するには，目的とする微生物の生態学，生理学的特性の見極めが重要となる。微生物の特徴や，分離源の選択，培養方法や培地の選択など培養条件を十分に考慮し，素早く微生物の分離を行なう必要がある。しかし，微生物は多様性があり，目的の性質をもつ多種類の微生物を分離する際は，培養条件にあまりとらわれない方がよい。また，微生物の研究情報や文献などを参考にすることも望まれるが，独自の方法を取り入れることも大切である。

(2) 培養条件

微生物の生育には，温度，浸透圧，光，酸素，水分，pH，栄養素などの環境要因が影響するため，培養の際には微生物の種類や実験目的に応じて種々の培養条件を設定しなければならない。

a．温　度

微生物には生育可能温度ならびに至適生育温度がある。25～40℃付近で生育する微生物が多いが，5～7℃で生育する低温菌や50℃以上で生育する高温菌なども存在する。

b．浸透圧

微生物は周囲よりもわずかに高い浸透圧を保ち，食塩濃度1～2％で生育は阻害される。好塩性細菌などは高浸透圧下でも生育が可能であり，食塩濃度2～5％で生育する低度好塩菌，5～20％で生育する中度好塩菌，20％以上で生育する高度好塩菌に分けられる。

c．光

光合成細菌は光を必要とするが，多くの微生物は光を必要としない。

d．酸　素

微生物はエネルギー代謝に酸素を必要とする好気性菌，酸素の有無に関わらず生育する通性嫌気性菌，酸素存在下では生育できない偏性嫌気性菌に分けられる。

e．水　分

微生物は生育に水分を必要とする。生育可能な最低水分活性(Aw)は，一般の細菌で0.99～0.94，一般の酵母で0.94～0.88，一般のカビで0.8程度であり，微生物は乾燥すると活性を失う。

f．pH（水素イオン濃度）

微生物の生育に適したpHは一般のカビや酵母ではpH4～6，一般の細菌ではpH6.5～7.5ある。

(3) 培養法

微生物の世代交代時間は数十分から数時間であるため，1回の培養に要する時間は一晩から長くても1週間程度であるが，実験目的によっては長期間におよぶ場合もある。培養法は幅広いバリエーションがあり，物質生産や生理・生化学的実験においては，実験目的に合った培養法を創造・工夫することも必要となる。

a．接種菌と量

微生物は直接保存菌から植菌することはほとんどなく，はじめに少量の菌を前培養して接種菌とする。細菌や酵母では栄養細胞を用いるが，カビは胞子を用いることが多く，前培養では胞子を十分着生させる必要がある。

微生物は図1-40のような増殖曲線で生育するため，通常は対数期のものを接種すれば短時間で菌は増える。また，接種量を多くすれば短時間に多量の菌を得ることができる。

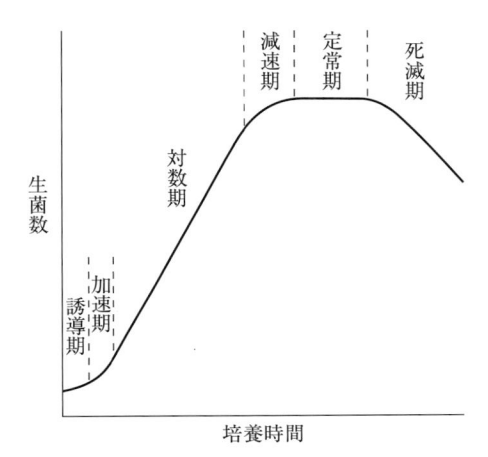

図1-40　微生物の増殖曲線

b．培養時間

培養時間は，微生物の種類や性質，実験目的によって様々で，通常は1～7日間である。しかし，培養する微生物の生育によって菌体や物質などがどのように変化しているかを追跡して，最終的な培養時間を決定することが必要となる。

c．液体培養

静置培養：培養容器を動かさない状態で培養する方法であり，液体培地中で培養する液内培養と，フェルンバッハフラスコや角形フラスコなどを用いて液体培地の表面積を大きくして好気的に培養する表面培養がある。

振とう培養：振とう培養器や振とう水槽などを用いて培養容器を動かし，気体や液体と微生物が混合するようにして培養する方法であり，L字管，坂口フラスコなどの容器が用いられる。振とう速度（反復数，あるいは旋回数）は微生物の種類や実験の目的に応じて設定する。

通気培養：培養ビンやジャーファーメンターを用いて，除菌した空気や各種ガスを液体培地中に通気しながら培養する方法である。

d．固体培養

　固体培養は斜面培地の表面に培養する斜面培養，高層培地に培養する穿刺培養，平板培地の寒天表面や内部に培養する平板培養などがあり，静置培養が基本となる。清酒や味噌・醤油などの米，麦，大豆，麩などを用いた麹や，おがくずなどを用いたきのこ栽培なども固体培養である。

微生物実験で用いられる培養操作

●培地の供給と培養液の排出を調整して培養する
　　回分培養
　　流加培養（連続法・間欠法）
　　連続培養（ケモスタット法とタービドスタット法）
●微生物の細胞周期を調整して培養する
　　同調培養（誘導法と選別法）
●分子状酸素の有無を調整して培養する
　　好気培養（振とう培養・通気培養）
　　嫌気培養（ガスパック法・スチールウール法・高層寒天培地法）

6　微生物の保存

　微生物実験では，微生物の性質を保って継続的に利用するために，微生物を変異させることなく形質を維持し，必要な期間（半永久的），高い生存率を保ちながら微生物を保存することが必要である。微生物の保存は微生物の種類や性質，実験の目的や使用頻度に応じて保存法を選択する。

(1) 菌　名

　学名(scientific name)は微生物分類学で微生物に付けられた世界共通のラテン語名で，これにより微生物株の性質を知ることができ，属名と種名はイタリック体（手書きの場合は下線を引く）で表記する。微生物株，あるいは菌株(strain)は分離された単一のコロニーに由来する子孫の集団のことで，これを培養したものを培養株(culture)という。学名は同じであっても多くの微生物株が存在し，特に学名の基準となる1菌株を基準株(type strain)という。さらに，同一の微生物株から変異操作により得られる株を変異株(mutant strain)といい，基となった微生物株を原株，あるいは野生株(wild type strain)といい，野生株は自然界に存在する個体も意味する。

(2) 微生物株の入手

　実験に必要な微生物株は微生物を保存する微生物株保存機関(culture collection)から入手することができる。微生物株保存機関は保有する微生物株を公開しており，微生物カタログ及びオンラインサービスを利用して必要な微生物株を入手することができる。日本の代表的な保存機関には，独立行政法人理化学研究所バイ

オリソースセンター微生物材料開発室(JCM)，独立行政法人製品評価技術基盤機構バイオテクノロジー本部生物遺伝資源部門(NBRC)などがある。また，世界的にはアメリカの American Type Culture Collection (ATCC)や，オランダの Centralbureau voor Schimmelcultures (CBS)などがある。

(3) 保存法

a．継代培養法

微生物株を微生物の生育・保存に適した培地を用いて，至適生育温度より低い温度で十分に斜面培養，あるいは穿刺培養し，4～10℃の低温で代謝活性を低下させて保存する方法で，3～6ヵ月毎に植替えが必要である。カビは胞子を十分に着生させてから保存する。低温で死滅しやすい微生物株は室温で保存することもある。継代培養法は簡便であり，微生物を頻繁に使用するときの保存に用いられるが，変異や死滅が起こりやすく長期保存には適さない。

b．流動パラフィン重層法

斜面培養後の寒天培地上に殺菌した流動パラフィンを重層し，微生物への酸素の供給と培地の乾燥を防いで保存する方法である。流動パラフィン重層法はカビの保存に用いられることが多く，2年以上の保存が可能である。

c．凍結保存法

微生物株を液体培地あるいは固体培地で，定常期まで培養し，培養株を5～15%グリセリン溶液などの分散媒に懸濁する。懸濁液はガラス製やプラスチック製のバイアルに0.5～1 mL分注し，緩慢凍結後，超低温冷凍庫(-50～-80℃)で保存する。長期保存が可能である。緩慢凍結は4～7℃で30～120分冷却してから，-30℃で30分の2段階の条件で行なう。

d．凍結乾燥法

微生物株を液体培地あるいは固体培地で，定常期まで培養し，培養株を血清やスキムミルクなどの保護剤を加えた分散媒に懸濁する。懸濁液はアンプルに0.2～0.5 mL分注し，共晶点である-30℃以下で予備凍結する。凍結後凍結乾燥機で-40～-50℃で凍結乾燥し，乾燥後アンプルを溶封する。溶封したアンプルは真空度を確認し，4℃の冷暗所で保存する。大部分の微生物は長期保存が可能である。

e．L-乾燥法

培養株の懸濁液を凍結させないように，減圧下で乾燥して保存する方法である。L-乾燥法は凍結乾燥法が適用できない微生物を保存することが可能である。

(4) 保存菌株の復元

継代培養した保存菌株は，そのまま移植することができるが，凍結や凍結乾燥した保存菌株は一度培養してから移植しなければならない。

a．凍結保存菌株の復元

凍結保存菌株は35～40℃の湯浴にバイアルを浸けて撹拌しながら解凍し，解凍ができたら直ちに取り出す。それを液体培地あるいは固体培地に移植して培養する。

b．凍結乾燥及びL-乾燥保存菌株の復元

微生物株保存機関の分譲株はアンプルに入ったものがほとんどである。

① アンプル内に封入された綿栓の中央部分に，ヤスリやアンプルカッターを用いてアンプルの半周以上に切り込みを入れる。

② アンプルを70％エタノールを含ませたガーゼでよく拭く[*33]。

③ 殺菌したガーゼでアンプルを包み込み，切り込みを外に向けて押し出すように注意深くアンプルを折る。あるいは白熱したガラス棒を切り込みに当て切断する。

④ アンプルが折れたら，綿栓を残してアンプルの先端を取り除く。

⑤ アンプルの綿栓を取って開封し，切り込みを火炎殺菌後，予め用意した液体培地を少量アンプルに入れてよく懸濁する。

⑥ 懸濁液を液体培地に戻し，そのまま培養するか，懸濁液を固体培地に塗抹して培養する[*34]。

⑦ 培養後，十分に生育してから使用する。

(5) 保存菌株の管理

微生物株を正しく保存するには，保存後の管理が重要である。そのため，保存法や保存場所，保存数などを適切に考慮し，番号の取り違えなどを防ぐため，正確な株番号や保存日時，微生物株の形質などの情報を管理する必要もある。微生物株の間違えは，実験に大きな影響を及ぼすことを認識し，大切に保存しなければならない。

(6) 微生物株保存機関への寄託

研究上重要な微生物株，新種，有用な特許微生物などは微生物株保存機関の規定に従って保存を寄託することができる。各保存機関では，微生物株ごとに機関の略称と固有の番号が付される。ただし，寄託には権利上の注意が必要となる。

Topics　バイオリソース

近年，微生物株保存機関は微生物株だけでなく，細胞や遺伝子，それらから生み出される各種の情報などのバイオリソース（生物遺伝資源）を収集・保存・提供する機関へと発展している。日本では現在，ナショナルバイオリソースプロジェクト（NBRP）によりバイオリソースの整備が行なわれており，微生物に関しては大腸菌，枯草菌，酵母，細胞性粘菌，病原微生物，一般微生物などの中核的拠点機関がある。

---

*33　揮発したエタノールで菌が死滅することがあるので注意が必要である。

*34　雑菌の混入をチェックするには，固体培地で培養した方がよい。

# 2章 微生物の分離

本章では実際に食品や自然界から微生物を分離するための注意点について述べる。ただ，培地に試料を入れるだけでなく，分離しようとしている微生物が優位に増殖しやすい環境を作るにはどのようにしたらよいかを注解している。

1. 試料の採取

微生物は地球上のあらゆるところに生存している。果実，花，昆虫，土壌，水などはよい分離源となる。また，動物や植物が生存可能なところはもとより，それらが生存不可能なところにも生存している。例えばヒマラヤのような高山，海底数千mもの水圧の高い深海底，温泉や海底火山の周辺のような高温の場所，極端に酸性であったり，アルカリ性であったりする場所など様々である。それゆえどのような微生物を分離するのかによって分離する場所を考えなければならない。一般的に，微生物の分離場所はその微生物が生息しているところが適所であると考えられる。

上述したように微生物の分離(isolation)とは目的とするある特定の微生物を分離するわけであるから，試料となる果実，土壌，食品などに本来生息していなかった微生物が入り込まないようにしなければならない。自然界からのものを試料とする場合は，乾熱殺菌した綿栓付き三角フラスコやオートクレーブで殺菌した広口ビン，ポリエチレン袋等に入れ実験室に持ってくる必要がある。また，試料を採取するときに薬さじ，ピンセット，ピペットなどを使う予定ならばそれらもあらかじめ殺菌しておく必要がある。

屋外から採取した試料から目的の微生物を分離するときに気をつけなければならないことがいくつかある。

① 酵母(yeast)，カビ(mold)，細菌(bacteria)のうち，どの微生物を分離するのかである。一般論として，酵母，カビは酸性の培地(pH4～6)を好み，細菌は中性から微アルカリ性を好むので，微生物の種類によって培地のpHを調整する。

② カビやある種の細菌，一部の酵母は好気的条件で生育が旺盛なのでそのよ

うな条件で分離する必要がある。飲食品製造関係で使用される酵母は概ね好気的条件，乳酸菌は嫌気的条件がよい。
③　自然界からの試料を使って微生物を分離する場合，分離したい微生物がその試料中に多く存在するとは限らない。そのため試料，分離用培地は多めのほうがよい。例えば，土壌 1 g を 50 mL の培地に入れた場合は分離されないが，10 g を 500 mL の培地に入れた場合は分離されることがある。

■ 試料の採取に使用する器具類
○ 三角フラスコ，広口ビン　　○ メスシリンダー
○ 薬さじ　　　　　　　　　　○ ピペット
○ 試験管　　　　　　　　　　○ ポリエチレン袋(ジップロック)

2. 分離培地及び集積培養

　微生物を自然界や食品から分離する場合，そのとき使用する培地に分離しようとする微生物が必要とする栄養素を含んでいる必要がある。カビは生育のために多くの栄養素を必要としない。窒素源，炭素源になるものと数種類のミネラルが含まれていれば十分である。窒素源としては硫酸アンモニウムや硝酸カリウムが使われるが，アンモニア態の窒素は利用できるが，硝酸態の窒素は利用できないものがあるので注意を要する。

　酵母はカビよりも栄養要求性があるが，上記の栄養素にビタミンB群を添加すれば増殖が可能である。乳酸菌はかなり多くの栄養素を必要とし，ビタミン，ミネラルの他に特別な栄養素を添加する必要がある菌も存在する。

　微生物を利用した飲食品からその製造に関与した微生物を分離することは，比較的容易である。なぜならその食品がその微生物が増殖するのに適した環境を備えているからである。つまり，その食品が微生物を分離するために，適した培地になっているからである。このようにある微生物を分離するために，その微生物の増殖に適していると考えられる培地を用いて，目的とする微生物を増殖させることを集積培養という。集積培養することによってその培地における目的の微生物の割合が増し，分離が容易になる。

■ 留意点
①　分離しようとする微生物が必要とする成分を含むこと。
②　その微生物の最適温度で培養すること。
③　その微生物の最適 pH に培地を調整すること。
④　その微生物の増殖に伴って生産される代謝産物が共存する他の微生物の増殖を抑えるような培地組成を考案すること。

⑤ 土壌やゴミなどを試料として酵母や乳酸菌を分離する場合は，好気的微生物であるカビの増殖を抑えるため，培養初期に時々撹拌すること。

1 酵 母

アルコール飲料の製造やパンの製造に関与している *Saccharomyces cerevisiae* の分離と耐浸透圧性(耐塩性)酵母の分離に適する培地組成について記載する。

(1) **S.cerevisiae に属する実用酵母**(改変 GYP*1 培地)

グルコース……… 250 g　　ポリペプトン……… 10 g
酵母エキス……… 10 g　　水………………… 1 L

普通の液体培養の培地なら，グルコース量は10〜20 gでよい。しかし，実用酵母はアルコール発酵力が強く，ある程度の耐糖性を持っている。そのため25％の糖濃度でも十分に発酵することが可能である。この培地内の糖が全て発酵されるとしたらアルコール濃度は12〜13％になる。この濃度のアルコールが培地内に存在すると，アルコール耐性のない他の微生物は死滅する。その結果，分離しようとしている実用酵母の割合が増し，分離しやすくなるためである。YM培地(GYP培地に麦芽エキスを加えたものである。p.101参照)を使用する場合も同じ糖濃度にするとよい。

*1 グルコース，酵母エキス，ポリペプトンを含む培地はその英名の頭文字をとってGYP培地といわれる。一般的に含有量は1％前後であるが，この実験の場合はグルコース量が多いので改変GYP培地とする。

(2) **ぶどう酒酵母**

ブドウ果実の破砕液……… 1 L
グルコース………………… 適量(破砕液の糖濃度を25％にする量)

グルコース量を適量としたのは，ブドウ果実の糖濃度によるからである。果実の糖濃度が25％以上なら入れる必要はない。また，ブドウ果実には比較的多くの酒石酸(tartaric acid)とリンゴ酸(malic acid)が含まれているため培地のpHが低くなり，細菌の増殖を抑制するため好都合である。

(3) **清酒酵母**

蒸米……… 0.4 kg　　水………… 1 L
米麹……… 0.2 kg　　乳酸……… 5 mL

清酒酵母は清酒の醪(もろみ)のような環境を好むが，他の酵母はそうでもない。よって清酒醪と同様な培地を使用することによって清酒酵母が分離されやすくなる。この培地を使用することにより試料の中に清酒酵母が存在し，発酵が順調にいけば13〜15％のアルコール生成が可能となる。また，乳酸(lactic acid)を添加しているので培地のpHが酸性化しているため雑菌を抑えることができる。清酒酵母を分離したい場合，この培地は改変GYPよりも優れているため記載した。

(4) しょう油，味噌酵母

　　グルコース………20 g　　　食塩………50〜100 g
　　酵母エキス………10 g　　　水…………1 L
　　ポリペプトン……10 g

　しょう油や味噌は高濃度の食塩を含有するため，そこに生育する微生物は食塩存在下の環境を好む。そのためしょう油，味噌酵母を分離するための培地には食塩を5〜10％加えたほうがよい。

2　乳酸菌，酢酸菌

　乳酸菌(lactic acid bacteria)は一般的には通性嫌気性菌として知られているが，微好気性の菌も少なからず存在する。また，その名のとおり多量の乳酸を生産する菌群の総称である。ここでは乳製品，乳酸菌飲料，醸造物や漬物あるいは自然界から分離する場合を記載する。生菌を含む乳酸菌飲料はその製品自体が集積培養されたものなので希釈して分離に用いればよい。ヨーグルトなどの乳製品もかなり多くの生菌を含むので，少量を殺菌水に懸濁して分離に用いてもよいし，集積培養してから分離に用いてもよい。漬物や自然界から分離する場合は集積培養を用いる。

(1) 乳酸菌用 GYP 培地[1]

　　グルコース………………10 g　　　酢酸ナトリウム（3水和物）…2 g
　　酵母エキス………………10 g　　　Tween 80 ………………0.5 g
　　ポリペプトン……………5 g　　　塩類溶液[*2]………………5 mL
　　肉エキス…………………2 g　　　水…………………………1 L

*2　$MgSO_4 \cdot 7H_2O$ 40mg，$MnSO_4 \cdot 4H_2O$ 2mg，$FeSO_4 \cdot 7H_2O$ 2mg，NaCl 2mg が 1 mL に含有。

　好気性のカビ，細菌，酵母の生育を抑えるためにはこの培地にアジ化ナトリウムとシクロヘキシミドを各10 ppm 加えるとよい。

(2) 乳酸菌用簡易 GYP 培地

　　グルコース……………10 g　　　アジ化ナトリウム………50 mg
　　酵母エキス……………10 g　　　シクロヘキシミド………5 mg
　　ポリペプトン…………10 g　　　水…………………………1 L
　　酢酸ナトリウム………10 g

　上記培地では，カビや好気性細菌はもちろんであるが，実用酵母のシクロヘキシミド耐性は1 ppm 前後なので，それらの酵母の増殖も抑えることができる。乳製品に関与する乳酸菌を分離する場合は，スキムミルクを少量添加するとよいが，培地が濁るため菌の増殖が分かりにくい。

(3) **MRS 培地**(p.100参照)

一定量の水に溶かして使用する。

Difco 社から発売されており，指示された量の水を加えることにより液体培地として使用できる。主に *Lactobacillus* 属の分離に使用される。

(4) **酢酸菌用 GEYP 培地**

酢酸菌(acetic acid bacteria)は一般的にエタノールを酸化することにより，エネルギーを得ている。そのため酢酸菌分離用の培地として GYP 培地にエタノールを加えたものを用いる。

グルコース………20〜30 g	ポリペプトン………10 g
エタノール………20〜30 mL	水………………… 1 L
酵母エキス………10 g	

3. 【実験1】平板培養法(塗抹)

培養微生物の懸濁液の少量を固体培地上に滴下し，広げる。培養後，生じた微生物のコロニーを分離する方法である。ぶどう酒酵母の分離用培地を用いて集積培養したものから酵母を分離する場合を例示する。この方法では1 mL 中の生菌数を測定することが可能である。図2-1では GYP 培地等に懸濁液を滴下するように記載したが，TTC 培地[*3]を使用すれば，コロニーの色の違いで酵母の違いを識別できる。平板(塗抹)培養法は好気性菌の分離にも適している。

平板培養法は微生物の分離法の基本になる方法で，やり方を少し変えることにより，より適切な方法として利用される。ここで述べる方法は，微生物の培養液を希釈し，その懸濁液を固体培地上に滴下することによりコロニーを生成させる方法である。つまり，コロニーは微生物の1細胞から生成されたものと考えると，コロニー数から培養液の細胞数，すなわち mL 中の細胞数(生菌数)を計算することができる。

■ 必要な器具と培地等

○ 三角フラスコ(500 mL)　　○ メスピペット(1 mL)
○ シリコセン(または綿栓)　　○ シャーレ
○ メスシリンダー　　　　　　○ GYP 固体培地
○ 試験管　　　　　　　　　　○ 生理食塩水
○ 白金耳(またはコンラージ棒)

[*3] 2・3・5-トリフェニルテトラゾリウムクロライド(TTC)を0.05%含有する固体(寒天1.5%)培地として使用する。GYP 培地(下層培地)等に増殖したコロニーの上に重層するかたちで上層培地として用いる。

2章 微生物の分離

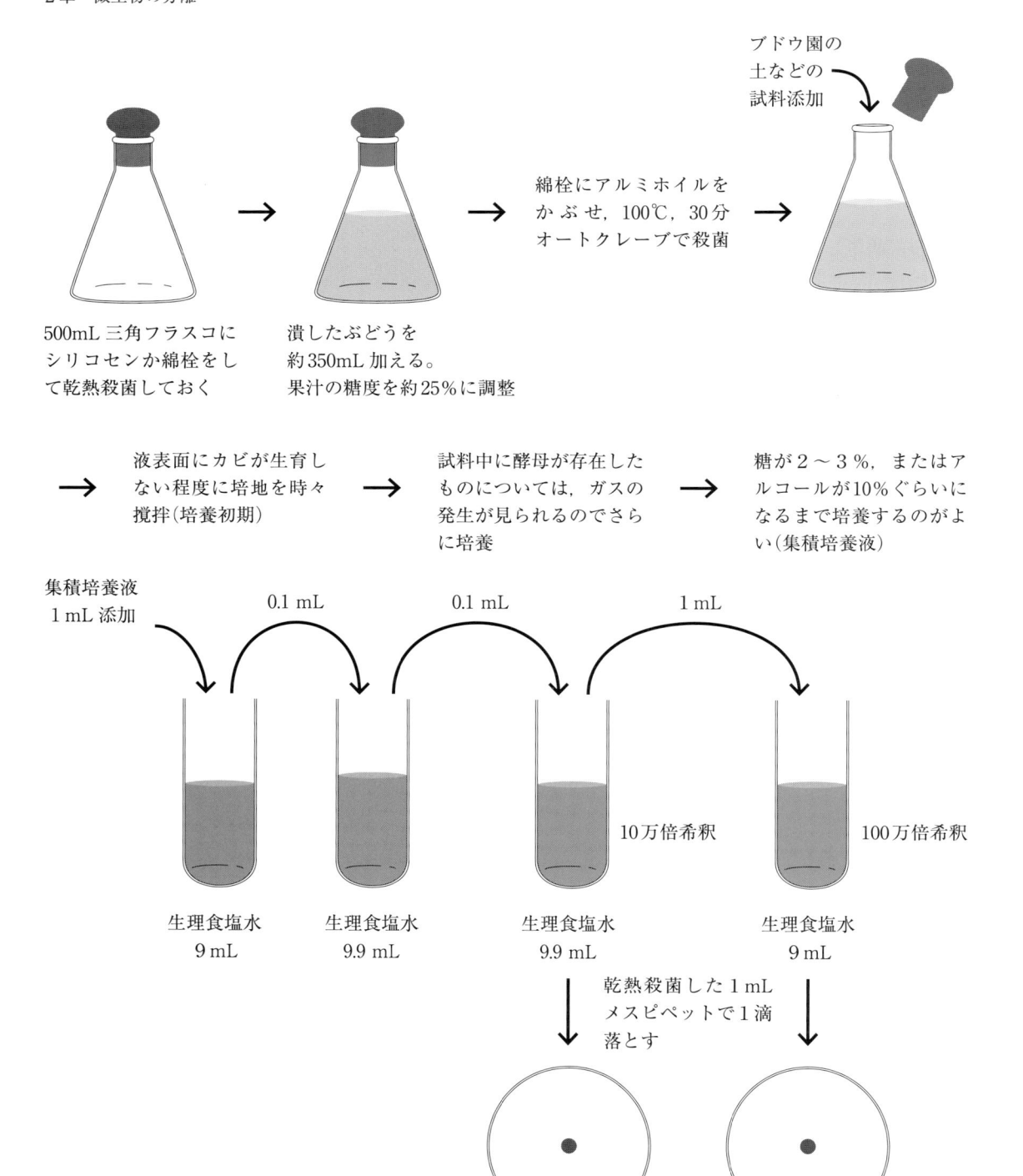

500mL三角フラスコにシリコセンか綿栓をして乾熱殺菌しておく → 潰したぶどうを約350mL加える。果汁の糖度を約25％に調整 → 綿栓にアルミホイルをかぶせ，100℃，30分オートクレーブで殺菌 → ブドウ園の土などの試料添加

→ 液表面にカビが生育しない程度に培地を時々撹拌（培養初期） → 試料中に酵母が存在したものについては，ガスの発生が見られるのでさらに培養 → 糖が2〜3％，またはアルコールが10％ぐらいになるまで培養するのがよい（集積培養液）

集積培養液1mL添加 → 生理食塩水9mL → 0.1mL → 生理食塩水9.9mL → 0.1mL → 生理食塩水9.9mL（10万倍希釈） → 1mL → 生理食塩水9mL（100万倍希釈）

乾熱殺菌した1mLメスピペットで1滴落とす

一般的組成のGYP固体培地等に懸濁液を落とし，白金耳またはコンラージ棒を使用して広げる。底を上にして30℃，2〜3日間培養する

図2-1　集積培養を利用した平板培養法（塗抹）による酵母の分離方法

4. 【実験2】平板培養法（画線法）

　塗抹法では数本の生理食塩水やメスピペットは必要であるが，用意するのが困難であるならばこの方法を用いるとよい。生理食塩水，ピペットとも1本は必要である。集積培養液をつくるまでは塗抹法と操作の工程は同じである。それ以降の操作行程を図2-2に示した。シャーレを2枚使う場合は，白金耳を生理食塩水に漬けなおすことなく，2枚目も1枚目と同様に塗抹する。

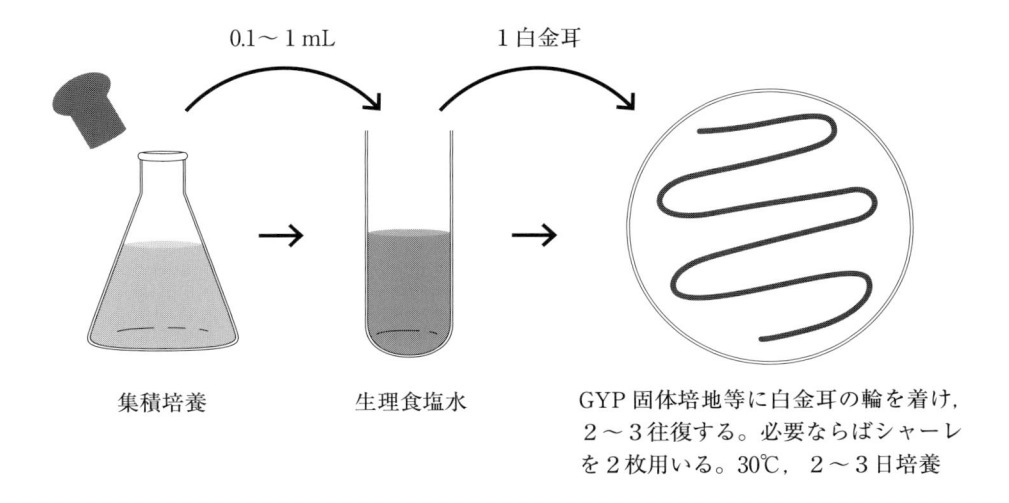

```
            0.1～1 mL        1 白金耳
```

集積培養　　　　生理食塩水　　　GYP固体培地等に白金耳の輪を着け，
　　　　　　　　　　　　　　　 2～3往復する。必要ならばシャーレ
　　　　　　　　　　　　　　　 を2枚用いる。30℃，2～3日培養

図2-2　平板培養法による酵母の分離法（画線法）

5. 【実験3】平板培養法（混釈法）

　混釈法(pour plate method)は酵母の分離にも用いられることもあるが，一般的には乳酸菌の分離に用いられる。ここでは乳酸菌の分離ということで説明する。乳酸菌は通性嫌気性菌として知られているが，微好気性菌も存在する。微好気性菌の場合は平板培養法でもかまわないが，ここでは通性嫌気性菌としての乳酸菌を分離するための混釈法を説明する。

　乳酸菌は生酸菌であるため分離に際して，炭酸カルシウムを用いる。これは分離用の培地に炭酸カルシウムが入っていると乳酸菌の増殖に伴って乳酸が生産され，炭酸カルシウムによって白っぽく濁っていた培地が透明になることを利用した方法である（酵母の場合は必要でない）。

2章 微生物の分離

■ 必要な器具類と培地
- 器具類は平板培養法と同様
- GYP 固体培地
  （寒天は1.5%，乳酸菌と酵母共用可能）
- 炭酸カルシウム
- 生理食塩水

培地の温度が高すぎると分離しようとする微生物が死に，低すぎると寒天が固まってしまうので注意を要する。特に乳酸菌の場合は，炭酸カルシウムと混ぜているときに固まってしまうことがある。しょう油，味噌あるいは塩蔵品から乳酸菌（好塩性乳酸菌）を分離する場合は，培地に食塩を 5〜10% 加えるとよい。乳酸菌が増殖してコロニーを形成するとその周りに透明帯ができる。

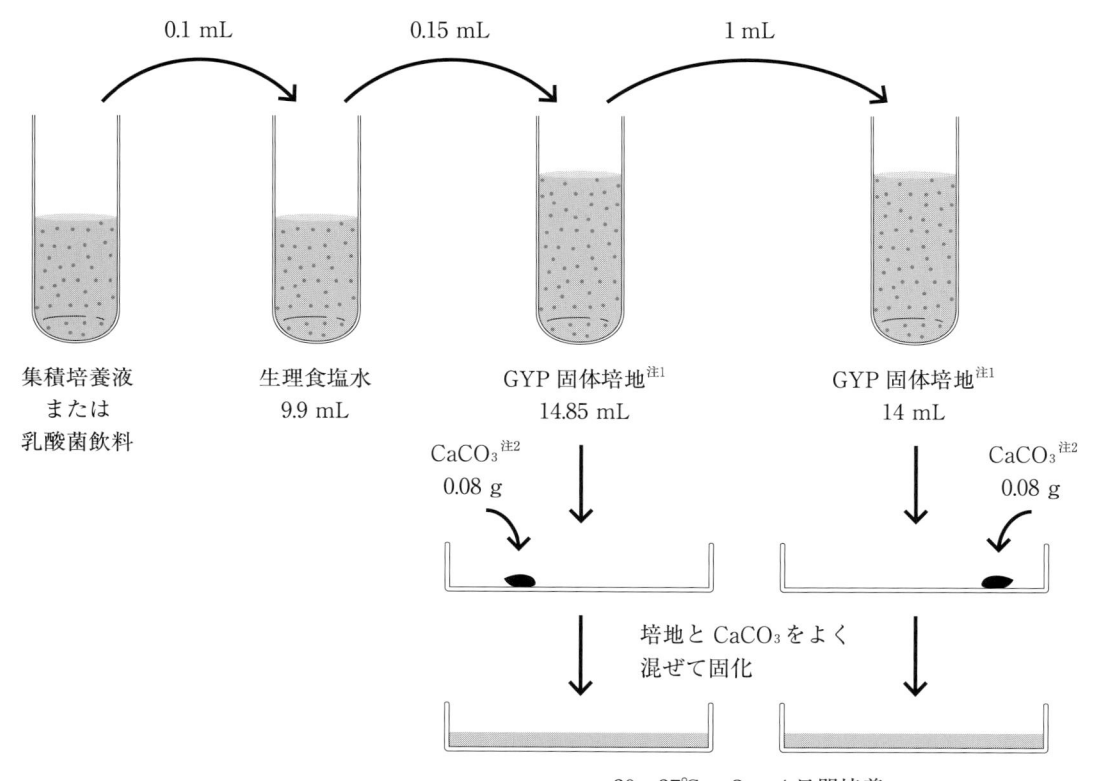

図2-3 集積培養を利用した混釈法による乳酸菌の分離方法

注1：GYP 固体培地の寒天は1.5 %とする。
　　　乳酸菌を接種する時の培地の温度は40〜45 ℃とする。
　　　GYP 培地を 15 mL になるようにしたのは，培地をシャーレに入れた時，できるだけ培地の厚みを作るためである。
注2：$CaCO_3$ は前もって乾熱殺菌しておく。

引用文献
1） 小崎道雄監修，内村　泰・岡田早苗『乳酸菌実験マニュアル』朝倉書店，1992年

3章 細菌の培養と形態観察

　現在，微生物の同定では，DNA の塩基組成や塩基配列などを調べる化学的方法が重視されるが，古くから多くの情報が集積されている形態学的性質の試験も欠かすことができない。
　本章では，代表的な細菌である乳酸菌の培養法と形態学的特徴を概説する。

1. 細菌の分類と形態

　植物や動物といった高等生物ではその構造的・解剖学的性質から分類されるのに対して，微生物では構造学的性質以外に生化学的，生理学的，生態論的性質をもとに分類される点で異なる。細菌は細胞形態から球菌，桿菌及びラセン菌に大別され，さらに細胞が連鎖するものや固まりになるものがある(図3-1)。

Diplococcus　*Pediococcus*　*Streptococcus*　*Sarcina*　*Staphylococcus*

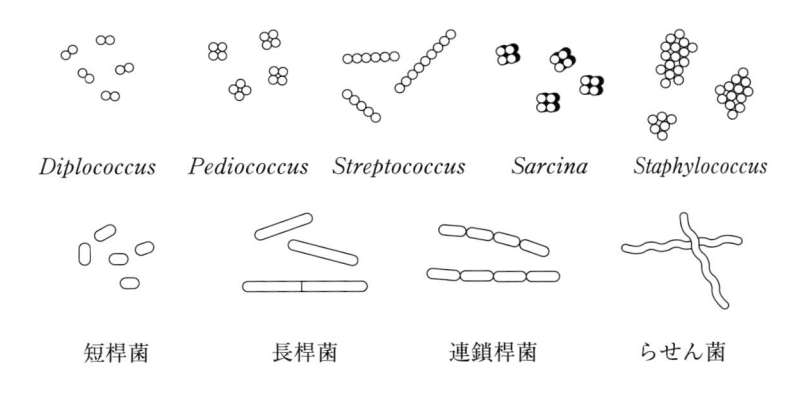

短桿菌　　　　長桿菌　　　　連鎖桿菌　　　らせん菌

図3-1　細菌の形態

　しかし，細菌は細胞形態だけで分類することはできず，生理的・生化学的性質も分類に使われる。
　細菌は生育に酸素を必要とする好気性細菌，酸素があると生育できない偏性嫌気性細菌，必ずしも生育に酸素を必要としない通性嫌気性細菌に分けられる。また，水素や二酸化炭素をエネルギー源にして有機物を必要としない独立栄養細菌とエネルギー源に有機物を必要とする従属栄養細菌に分けられ，さらに独立栄養細菌の中でも光合成を行う光合成細菌と化学合成により生育する化学合成細菌に

分けられる。その他に、グラム染色性からグラム陰性細菌とグラム陽性細菌に区別される。グラム染色性はクリスタルバイオレットなどで染色後、エタノールで脱色した際の染色性の違いに基づいて判別される。この染色性の違いは細胞壁の構造の違いに依存している。

グラム陰性細菌は、図3-2に示すように、細胞質を隔てる細胞膜の外側に単分子層からなるペプチドグリカン層を有し、さらにその外側にリン脂質、リポ多糖、タンパク質から構成される外膜を有している。ペプチドグリカンは、N-アセチルグルコサミンとN-アセチルムラミン酸が交互に連なったグルカン鎖を4つのアミノ酸からなるペプチドで連結した網目構造を形成している。細胞膜とペプチドグリカン層の間はペリプラズムと呼ばれる間隙があり、様々な機能を有するタンパク質が局在している。

一方グラム陽性細菌は、厚いペプチドグリカン層を有し（10～100 nm）、外膜を持たない。ペプチドグリカンにはテイコ酸と呼ばれるポリオールリン酸のポリマーが結合している。細菌の分類を表3-1に示した。

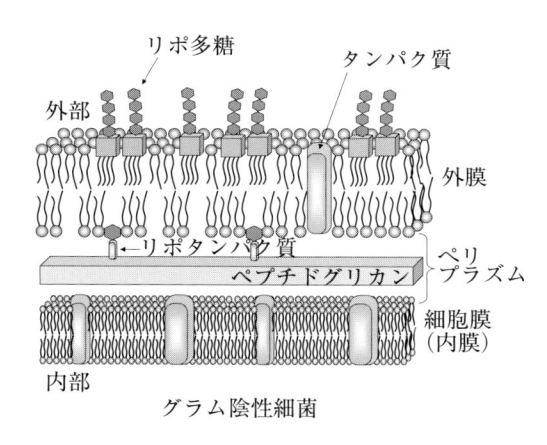

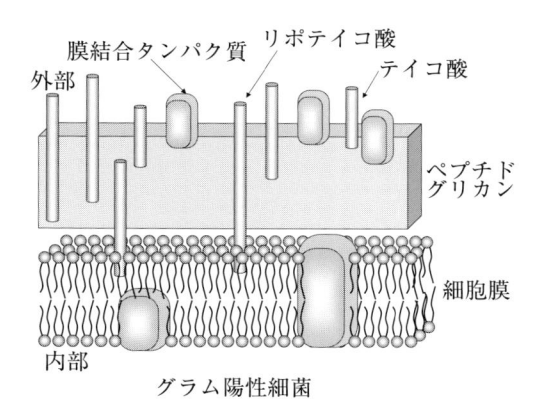

図3-2 細菌細胞の表層構造

表 3-1 　細菌の分類

セクション	主な属
スピロヘータ	*Treponema, Leptospira*
好気性／微好気性，運動性のラセン型／ビブリオ型のグラム陰性細菌	*Campylobacter, Spirillum*
非運動性，グラム陰性湾曲細菌	*Flectobacillus*
グラム陰性好気性桿菌および球菌	*Pseudomonas, Acetobacter*
通性嫌気性グラム陰性細菌	*Escherichia, Vibrio*
嫌気性グラム陰性，直線状，湾曲状，らせん状桿菌	*Bacteroides, Selenomonas*
異化的硫酸還元菌および異化的硫黄還元菌	*Desulfovibrio*
嫌気性グラム陰性球菌	*Veillonella*
リケッチア，クラミジア	*Rickettsia, Clamydia*
ミコプラズマ	*Mycoplasma*
内生共生細菌	*Holospora*
グラム陽性球菌	*Staphylococcus, Leuconostoc, Pediococcus*
内生胞子形成グラム陽性桿菌および球菌	*Bacillus, Clostridium, Sporolactobacillus*
グラム陽性無胞子，細胞規則型桿菌	*Lactobacillus*
グラム陽性無胞子，細胞不規則型桿菌	*Corynebacterium*
ミコバクテリア	*Mycobacterium*
ノカルディオフォルム	*Nocardia, Rhodococcus*
酸素非発生型光合成細菌	*Rhodopseudomonas, Rhodospirillum*
酸素発生型光合成細菌	*Spirulina*
グラム陰性，化学合成独立栄養細菌および関連細菌	*Nitrobacter, Nitrosomonas*
出芽細菌および付属器を有する細菌	*Hyphomicrobium*
有鞘細菌	*Leptothrix*
非光合成，子実体非形成滑走細菌	*Cytophaga*
子実体形成滑走細菌	*Myxococcus*
古細菌	*Methanobacterium, Halobacterium*
ノカルディオフォルム放線菌	*Nocardia, Rhodococcus*
多室型放線菌	*Dermatophilus*
アクチノプラネス放線菌	*Actinoplanes*
ストレプトミセスおよび関連の放線菌	*Streptomyces*
マジュロミセス放線菌	*Actinomadura*
サーモモノスポラおよび関連の放線菌	*Thermomonospora, Nocardiopsis*
サーモアクチノミセス	*Thermoactinomyces*
その他の放線菌	*Glycomyces*

資料：村尾澤夫・荒井基夫 共編『応用微生物学 改訂版』培風館，1993年

Topics　DNA配列に基づいた分類法

　細菌の分類は古典的には細胞構造，グラム染色性，糖の資化性等の表現形質を指標に分類されてきたが，これらの方法では多種多様な微生物の関係を完全に説明することは困難であった。そこで，分子生物学の発展に伴い遺伝子の塩基配列に基づく系統分類が行なわれるようになった。現在，特に指標として用いられている代表的な遺伝子の一つにタンパク質合成装置の一部であるリボソーム小サブユニットに含まれるリボソームRNAをコードする遺伝子の塩基配列(rDNA)が挙げられる。リボソームはタンパク合成に必須な因子であり，原核生物，真核生物を問わず広く存在していることや，遠縁の生物種間でも高く保存されているため比較することができるという利点がある。また，塩基配列を解析できればよいので，我々が未だ培養できていない微生物についても解析対象にすることができることもメリットの一つである。このrDNAを基に分類すると連続的な系統学的位置に分類することが可能となった。遺伝子配列を基に分類すると，真正細菌，古細菌，真核生物界の3つのドメインに分類される(図A)。古細菌は原核生物ではあるものの，真核生物に極めて類似した性質を示す。

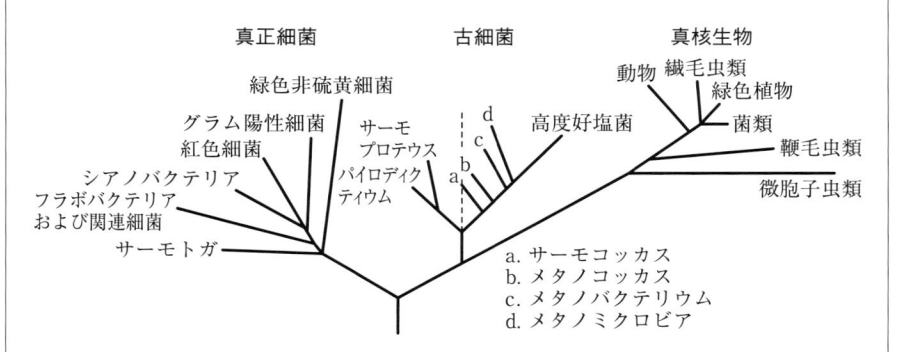

図A　Wooseらによる生物の3ドメイン説

資料：Woose, C. R., Kandler, O. & Wheeils, M. L., Toward a natural system of organisms : Proposal for the domains Archaea, Bacteria, and Eucrya. *Proc. Natl. Acad. Sci.* **87**, pp.4576-4579, 1990.

　細菌のように属や種レベルで分類する場合の保存性の高い遺伝子であるrDNAの塩基配列を指標に分類することは極めて有効な方法であるが，数多くの同種が取得されている酵母等の場合，機能が高く保存されているrDNAの配列ではもはや多様性は見いだされない。このような場合では，遺伝子としての機能がなく，変異が蓄積しやすい非遺伝子領域の塩基配列が指標として分類される。酵母の場合rRNA遺伝子の間に存在するInternal Transcribed Spacer region（ITS領域）の塩基配列を指標にすることで分類されることが多い(図B)。このように遺伝子ではない領域の塩基配列を調べることで，より詳細な系統分類が可能となっている。

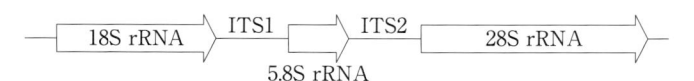

図B　rRNAに挟まれたITS領域

2.　【実験】乳酸菌の培養と形態観察

1　目　的

　乳酸菌とは糖から乳酸を生成する細菌の総称であり，ヨーグルトの製造に使用される Lactobacillus 属，チーズやしょう油の製造に関わる Pediococcus 属などが存在する産業上有用な菌である。乳酸菌にはグラム陽性桿菌とグラム陽性球菌が存在し，糖より主として乳酸を生成するホモ型乳酸発酵菌，乳酸以外にエタノールや酢酸や二酸化炭素を同時に生成するヘテロ型乳酸発酵菌が存在する。乳酸菌は，これら細胞の形態，乳酸発酵型に基づいて分類することが可能である。

　本実験では，食品中から単離した乳酸菌の培養及び形態観察を行ない，属の推定を行なうことを目的とする。

2　供試菌

　食品などから分離した乳酸菌を用いる。比較対象として，大腸菌（Escherichia coli），黄色ブドウ球菌（Staphylococcus 属細菌），緑膿菌（Pseudomonas 属細菌）などを用いる。

3　高層培地を用いた培養による酸素要求性の判定

(1)　培　地

　　調製した GYP 培地を，試験管に 10 mL ずつ分注してシリコセン（紙栓または綿栓）をつけ，オートクレーブ滅菌する。穿刺培養を行なう際は寒天を加え，高層培地を作製する。

(2)　穿刺培養（図3-3）

　　① 白金線をガスバーナーの火炎で赤くなるまで焼き，滅菌する。
　　② 液体培養液の入った試験管の口をガスバーナーの炎に通し，栓を抜く。
　　③ 白金線の先端を培養した液体培地に浸ける。
　　④ 新しい固体培地の入った試験管の口をガスバーナーの炎に通し，栓を抜く。
　　⑤ 培養した液体培地に浸けた白金線を新しい高層培地に刺して植菌する。
　　⑥ 30℃の恒温培養器で培養する。

(3)　酸素要求性の判定

　　高層培地では，空気に接触する培地上面と空気と接触しない底部で酸素濃度が異なるため，培養した細菌の酸素要求性を調べることができる。好気性細菌は酸素がないと生育できないため培地上面にのみ生育し，偏性嫌気性細菌は，酸素があると生育できないため培地下面にのみ生育する。一方，乳酸菌などの

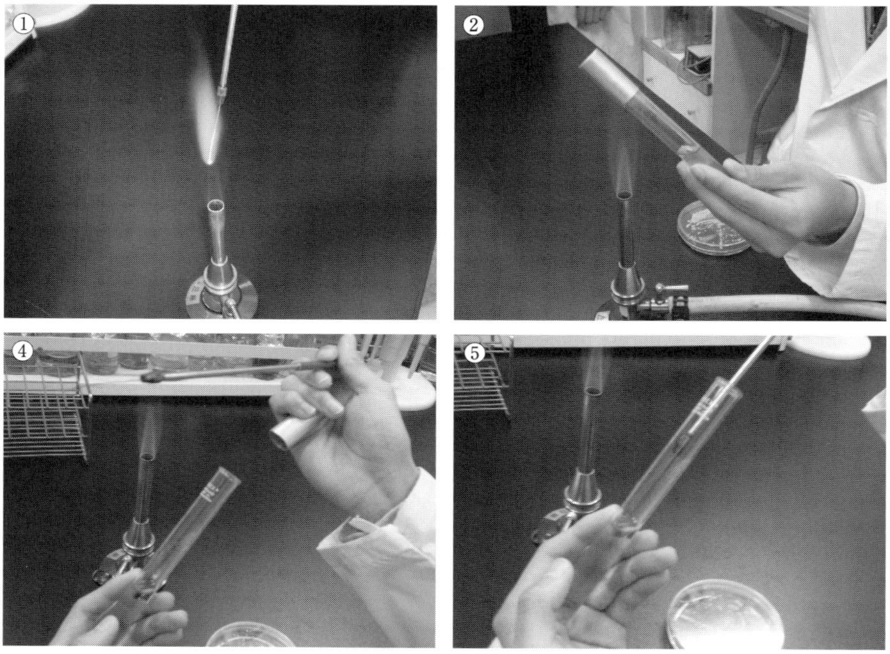

図3-3 液体培地からの植菌[*1]

*1 図の番号はp.51の③(2)「穿刺培養」の操作手順に対応。

通性嫌気性細菌は，酸素の有無によらず白金線を用いて植菌した部分の全てに生育する。このような生育様式の違いから供試菌の酸素要求性を判定する。

④ 発酵型試験

(1) **試　薬**

　　GYP培地，2％寒天溶液

(2) **操　作**

　① 2％寒天溶液を湯煎中で加熱溶解させる。
　② 液体培地（GYP培地など）に乳酸菌を1白金線接種する。
　③ 溶解した2％寒天溶液を液体培地に静かに流し込んで重層し，寒天が固まるまで静置する（液体培地の上に寒天が固まり，2層になる）。
　④ 30℃の恒温培養器で培養する。

(3) **発酵型試験の判定**

　培養後，ガス発生により寒天溶液の上部への移動が認められたらヘテロ発酵型，認められなければホモ型と判定する。

⑤ 細胞形態の顕微鏡観察

(1) **準　備**

　GYP液体培地などを用いて供試菌を培養する。

(2) 顕微鏡観察

1,000～1,500倍で細胞の形態を油浸法で観察し，球菌か桿菌かを判定する（図3-4）。

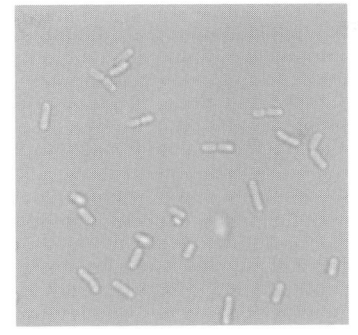

図 3-4 乳酸菌（*Lactobacillus brevis*）の細胞
注：*L. brevis* は細長い桿菌状の細胞をしていることが分かる。分裂途中の細胞も観察されている。

6 グラム染色[*2]

(1) 試　薬

　　a．グラム染色第一液　　　d．グラム染色第三液
　　b．グラム染色第二液　　　e．セダーオイル（油浸用）
　　c．95％エタノール

(2) 準　備

GYP 液体培地などを用いて供試菌を培養する。

(3) 操　作

① スライドグラスをコルネットピンセットにはさみ，スライドグラスの表面に水道水を数滴落とし，菌体を塗抹[*3]，風乾，固定する。同時に対比染色の菌体も固定する[*4]。

② 菌体上にグラム染色第一液を1，2滴落とし約1分間静置して染色する。

③ スライドグラスの裏より水道水を弱く流して約2秒間水洗し，キムワイプで軽く水を吸い取る。

④ 菌体上にグラム染色第二液を1，2滴落とし，約1分間静置する。

⑤ スライドグラスの裏面より水道水を弱く流して洗浄し，キムワイプで脱水，風乾した後，95％エタノールに約30秒間浸し脱色する。

⑥ スライドグラスの裏面より水道水を弱く流して水洗し，キムワイプで脱水後，グラム染色第三液を1，2滴落とし，約10秒間対比染色する。

⑦ 軽く水洗し，キムワイプで水を取り，カバーガラスをのせその上にセダーオイルを1滴落として100倍の対物レンズを油浸して検鏡する（余分な水はキムワイプで吸い取ってから検鏡する）。

＊2　グラム染色液は市販品を用いると試薬の調製を必要とせず簡便である。それぞれの試薬の組成は以下の通りであり，自作することも可能である。

グラム染色第一液：A液（クリスタルバイオレット1g/95％エタノール10mL）とB液（シュウ酸アンモニウム0.4g/蒸留水 40mL）を混合したもの。

グラム染色第二液：ヨウ素0.2gとヨウ化カリウムKI 0.4gを蒸留水に溶解させて60mLとしたもの。

グラム染色第三液：サフラニン原液（0.25g/95％エタノール10mL）を蒸留水で10倍に希釈したもの。

＊3　穿刺培養では白金線，液体培養では白金耳を用いるとやりやすい。

＊4　対照としてグラム陰性菌の大腸菌，グラム陽性菌の黄色ブドウ球菌も塗抹，固定する。

(4) 顕微鏡観察

細胞が青紫色を呈すればグラム陽性，赤色を呈すればグラム陰性と判定する。顕微鏡の光量やピントにより色の見え方が変化するので，検定菌の染色度合いが対照として用いたグラム陽性細菌とグラム陰性菌のどちらに近い染色性を示しているかで判定する。

7 属の推定

高層培地による酸素要求性，発酵型試験，顕微鏡観察による細胞の形態，グラム染色性の結果を表3-2に示す主な乳酸菌の性質を比較し，培養した乳酸菌の属を推定する。

表3-2 乳酸菌と主な細菌の生理的，形態学的性質

属	グラム染色性	酸素要求性	細胞	細胞配列	内生胞子	発酵型
Lactobacillus	陽性	通性嫌気性	桿菌	連鎖状	−	ホモ，ヘテロ
Sporolactobacillus	陽性	通性嫌気性	桿菌	単独，対	＋	ホモ
Lactococcus	陽性	通性嫌気性	球菌	連鎖状，対	−	ホモ
Leuconostoc	陽性	通性嫌気性	球菌	連鎖状，対	−	ヘテロ，ホモ
Pediococcus	陽性	通性嫌気性	球菌	4連，(対)	−	ホモ
Streptococcus	陽性	通性嫌気性	球菌	連鎖状	−	ホモ
Enterococcus	陽性	通性嫌気性	球菌	連鎖状	−	ホモ
Staphylococcus	陽性	通性嫌気性	球菌	4連，(対)	−	ヘテロ
Escherichia	陰性	通性嫌気性	桿菌	単独	−	−
Pseudomonas	陰性	好気性	桿菌	単独	−	−

Topics　偏性嫌気性細菌の培養

微生物の中には，酸素が存在すると全く生育できない偏性(絶対)嫌気性細菌も存在する。偏性嫌気性細菌を培養する際は乳酸菌と同じように空気中で作業し培養することは不可能である。このような場合，一般的に嫌気チャンバーと呼ばれる特殊な作業環境を必要とする。このチャンバー内は窒素ガスと水素ガスと炭酸ガスで置換されており，酸素が存在しない環境を作り上げる。実験に必要な試料や器具類は，チャンバーの手前の小部屋を介して行なわれる。この部屋で空気中の酸素分子を窒素ガスで共洗いすることで除去する。微量の酸素が混入した場合でもチャンバー内の水素ガスが酸素分子と反応し，水に変換し嫌気度を保つシステムが存在するので酸素のない環境を作ることが可能となる。

嫌気チャンバーがない場合でも，オートクレーブ等により脱気した培地のヘッドスペースを窒素ガスで置換し，ゴム栓できつく締めることで培地が酸素と触れることを妨げることができる。この培地を用いて菌体を植菌することも可能である。また，固体培養する場合は，トップアガーと呼ばれる寒天に菌体を懸濁し，この菌懸濁液を寒天培地に塗沫し，酸素吸収・炭酸ガス発生剤と共に密閉したジャーに入れて培養することが可能である。

4章 酵母の培養と形態観察

酵母はアルコール発酵能を有し，酒類醸造，製パンなどに古くから利用されてきたきわめて重要な微生物であるとともに，近年は真核生物のモデル生物として分子生物学などの研究に使われている。

本章では，酵母の培養法及び形態学的特徴について概説する。

1. 酵母の分類と形態

酵母とは分類学上の名称ではなく，生活の大部分を単細胞で過ごす菌類の総称である。カビやキノコとは性状が著しく異なるため，それらの菌とは区別して扱われるのが一般的である。

酵母は子のう菌酵母と担子菌酵母の2つに大別される(図4-1)。細胞内に胞子を形成する子のう菌酵母には，醸造産業においても重要な *Saccharomyces* 属，*Schizosaccharomyces* 属，*Zygosaccharomyces* 属，*Pichia* 属，*Candida* 属などが含まれる。一方，細胞外に担子胞子を形成する担子菌酵母には，*Rhodotorula* 属，*Sporobolomyces* 属，日和見感染症の原因菌である *Cryptococcus* 属などが含まれる。また，子のう菌酵母と担子菌酵母の中にも胞子形成能のある完全型酵母と胞子形成能のない不完全型酵母にも分けられる。産業上重要な酵母は子のう菌酵母がほとんどである。酵母の栄養増殖は主に出芽(budding)である。出芽は細胞の数ヶ所から起こる多極出芽(multilateral budding)，細胞の両端からのみ起こる両極出芽(bipolar budding)などがある。もとの細胞を母細胞(mother cell)，出芽で生じた新しい細胞を娘細胞(daughter cell)と呼ぶ。また，出芽以外に細胞の中央に隔壁を生じて分裂する分裂酵母(fission yeast)も存在する。分裂で増殖する酵母は

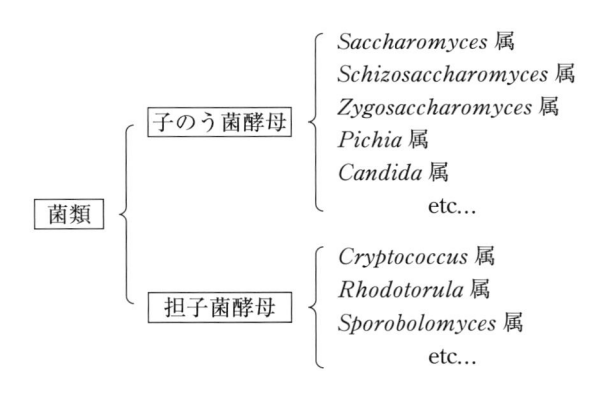

図4-1 酵母の分類と代表的な属名

卵形　　　　　楕円形　　　　　球形

伸長形　　　　レモン形　　　　糸状

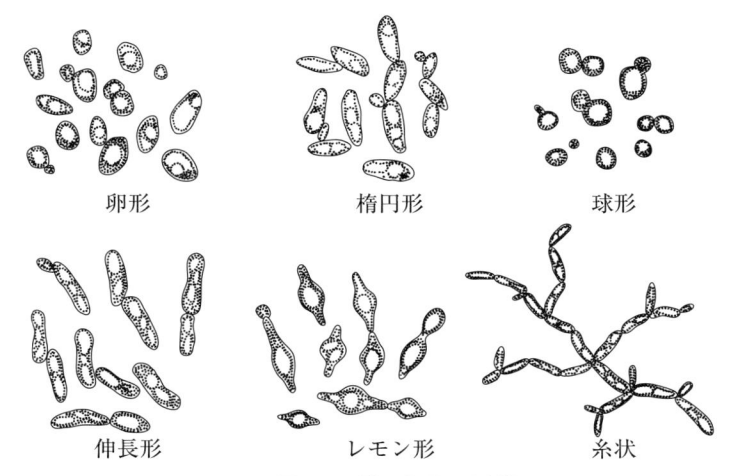

図4-2　酵母細胞の形態

Schizosaccharomyces 属だけである。酵母細胞の形態を図4-2に示した。球形，卵形，楕円形のものが多く，伸長形，レモン形になるものもある。また，出芽した細胞が長く伸びて菌糸状につながることがあり，これは偽菌糸と呼ばれる。

Saccharomyces　　*Schizosaccharomyces*

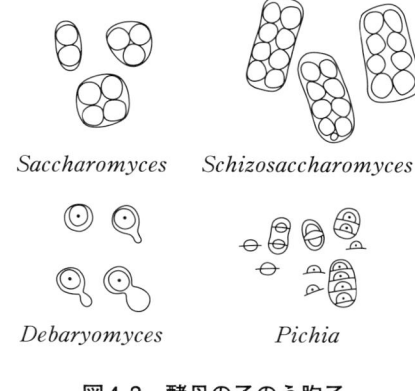

Debaryomyces　　*Pichia*

図4-3　酵母の子のう胞子

また，子のう菌酵母は生存に不利な環境下におかれると有性胞子の子のう胞子を形成する。子のう胞子の形態には球形，腎臓型，帽子型，土星型などがあり，酵母の分類において子のう胞子の形態は重要な指標になる（図4-3）。

2.　【実験】酵母の培養と形態観察

1　目　的

酵母の同定において，発酵性，栄養細胞の形態，増殖様式，子のう胞子の形態学的性質を明らかにする必要がある。

酵母はアルコール発酵性が高く，グルコースなどの糖類からエタノールを生成する。この際に炭酸ガスを同時に生じることから，ガス発生によって発酵性の有無を確認することができる。また，*Pichia* 属などに代表される産膜酵母は液体培養中で培養液表面に産膜と呼ばれる皮膜を形成することから生理学的性質も重要な指標となる。さらに，栄養細胞，子のう胞子は各酵母によって形態的に異な

り，その形態からも分類することが可能である。

本実験では，いくつかの酵母が混合された培養液から酵母を単離し，その酵母を培養し生理学的性質，形態学的性状を調べることで，属の推定を行なうことを目的とする。

2　供試菌

Saccharomyces cerevisiae，*Schizosaccharomyces pombe*，*Pichia anomala*，*Candida etchellsii* などが混合された培養液を用いる。

3　平板培養によるコロニーの形態観察

(1) 培　地

培地の調製の際に寒天を加えた YPD 寒天培地あるいは YM 寒天培地などを用いる。

(2) 培　養

① 白金耳をガスバーナーの火炎で赤くなるまで焼き，滅菌する。
② 白金耳の先端を新しい寒天培地に触れて冷ます。
③ 白金耳の先端を酵母混合培養液に浸け，新しい寒天培地上に画線する。
④ シャーレを逆さまにして30℃の恒温培養器で培養し，単コロニーを得る。

(3) コロニーの形態観察

コロニーの大きさ，形，表面の状態，周縁について観察する(図4-4)。

Saccharomyces 属ではコロニー周縁ははっきりとしている。一方，*Pichia* 属ではしわ状，*Candida* 属では不明瞭な周縁を形成する。

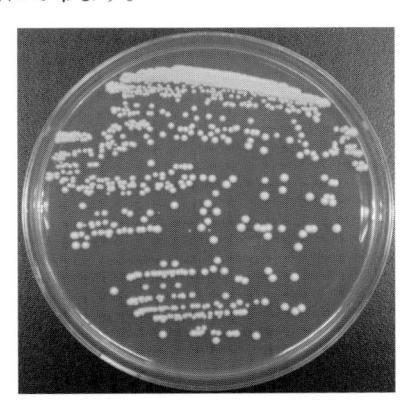

図4-4　酵母(*S. cerevisiae*)のコロニー
注：酵母のコロニーは一般的には白色からクリーム色をしており，周縁ははっきりしている。

4　液体培養による発酵性及び産膜形成性の観察

(1) 培　地

調製した YPD 培地あるいは YM 培地などを試験管に 10 mL ずつ分注してシリコセンをつけ，オートクレーブ滅菌する。

(2) 培　養

① 白金耳をガスバーナーの火炎で赤くなるまで焼き，滅菌する。

② 白金耳の先端を寒天培地のコロニーが形成されていない部分に触れて冷まします。
③ 新しい液体培地の入った試験管の口をガスバーナーの炎に通し，栓を抜く。
④ 白金耳の先端を寒天培地上のコロニーに触れ，新しい液体培地に浸けて植菌する。
⑤ 30℃の恒温培養器で培養する。

(3) **液体培養の観察**

生育状況，混濁，沈殿，ガス発生，皮膜形成の有無などを観察する。4属全ての酵母は発酵性があるためガス発生が確認される。皮膜形成は主に*Pichia*属で観察される。

5 細胞形態の顕微鏡観察

(1) **酵母の調製**

発酵性試験で培養した酵母培養液を用いる。

(2) **顕微鏡観察**

酵母細胞の形態や増殖様式について観察する(図4-5)。*Saccharomyces*属，*Pichia*属，*Candida*属では球形から楕円形をしており，出芽増殖するが，*Schizosaccharomyces*属では円筒形で分裂によって増殖することに注意する。

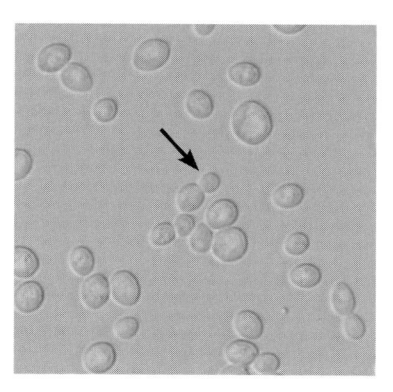

Saccharomyces cerevisiae 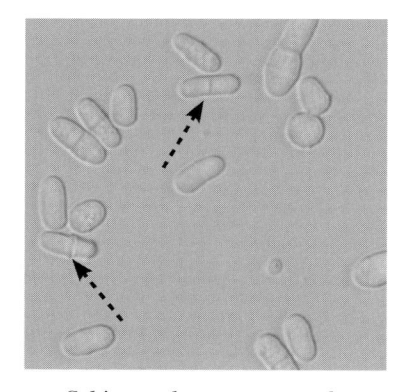　　　　　*Schizosaccharomyces pombe*

図4-5　酵母の栄養細胞

注：*Saccharomyces cerevisiae*の細胞は球形から卵形をしており，出芽で生じた娘細胞が見られる(矢印)。*Schizosaccharomyces pombe*の細胞は円筒形をしており，細胞内に分裂で生じた隔壁が見られる(点線矢印)。

6　胞子形成と胞子の形態観察

(1) 培　地

a．調製したFowell培地を試験管に7 mLずつ分注してシリコセンをつけ，オートクレーブ滅菌する。滅菌後，斜面培地にする。

b．調製したV-8改変培地を試験管に7 mLずつ分注してシリコセンをつけ，オートクレーブ滅菌する。滅菌後，斜面培地にする。

(2) 培　養

a．Fowell培地を用いる場合

① 酵母をYM培地またはYPD培地で前培養する。
② 前培養液を遠心分離して菌体を集め，殺菌水に再懸濁する。
③ 懸濁液を遠心分離して菌体を集め，再度殺菌水に懸濁する。
④ 上澄液を捨て，酵母菌体をFowell培地上に流し込み，2～3日間培養する。
⑤ 培養後，顕微鏡で胞子形成を観察する。

b．V-8野菜汁培地を用いる方法

① V-8改変培地に前培養液を1白金耳接種し，1週間程度培養する。
② 培養後，顕微鏡で胞子形成を観察する。

(3) 子のう胞子の顕微鏡観察

酵母の子のう胞子の形態について観察する(図4-6)。*Saccharomyces*属では球形，*Pichia*属では帽子形などの胞子を形成する。*Candida*属は不完全酵母なので子のう胞子は見られない。

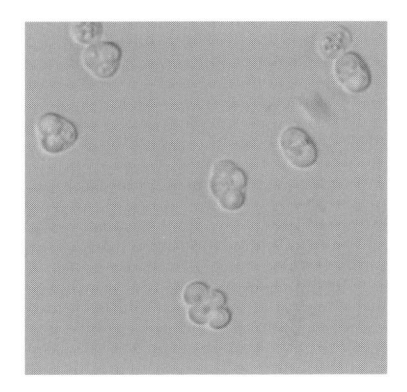

Saccharomyces cerevisiae 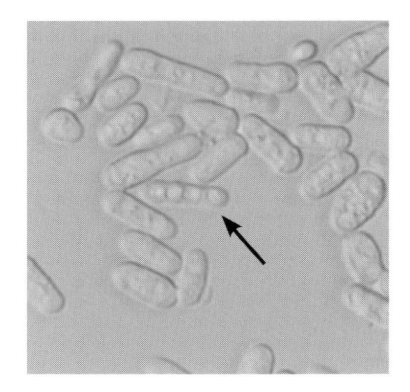　　　　*Schizosaccharomyces pombe*

図4-6　酵母の子のう胞子

注：*Saccharomyces cerevisiae*では2～4つの子のう胞子を内包した細胞が見られる。子のう胞子が球形である*Schizosaccharomyces pombe*では矢印で示すよう4つが隣り合った子のう胞子を形成する。子のう胞子は特定の条件で形成されるので，全ての細胞で子のう胞子がみられるわけではないので注意が必要である。

7 酵母の属の推定

実験で得られた発酵性試験など生理学的性質,細胞形態,増殖様式,子のう胞子の形態など形態学的性質と表4-1の酵母の特徴を比較し,培養した酵母の属の推定を行なう。

表4-1 主な酵母の生理学的,形態学的性質

菌　名	細胞形態	増殖様式	発酵性	皮膜形成	子のう胞子形態	偽菌糸形成[*1]
Saccharomyces cerevisiae	球形, 楕円形	出芽	+	−	球形, 楕円形	−
Saccharomyces bayanus	球形, 楕円形	出芽	+	−	球形, 楕円形	−
Saccharomyces pastorianus	球形, 楕円形	出芽	+	−	球形, 楕円形	−
Saccharomyces paradoxus	球形, 楕円形	出芽	+	−	球形, 楕円形	−
Schizosaccharomyces pombe	円筒形	分裂	+	−	卵形, 楕円形	−
Schizosaccharomyces octosporus	円筒形	分裂	+	−	卵形, 楕円形	−
Zygosaccharomyces rouxii	球形, 楕円形	出芽	+	−	球形, 楕円形	−
Pichia anomala	球形, 楕円形	出芽	+	+	球形, 帽子形, 土星形	−
Pichia membranaefaciens	球形, 楕円形	出芽	+	+	球形, 帽子形, 土星形	−
Candida albicans	球形, 楕円形	出芽	+	−	−	+
Candida tropicalis	球形, 楕円形	出芽	+	−	−	+
Candida etchellsii	球形, 楕円形	出芽	+	−	−	+

注:偽菌糸形成は特定の貧栄養条件下で見られる特徴である。

Topics　酵母研究に用いられる様々な染色法

酵母の胞子は特徴的な形態をしているが,酵母によっては子のう胞子を見分けることが難しい場合が多い。このような場合,フクシンとメチレンブルーを用いたMöller氏法によって胞子を染色することが可能である。本法によれば胞子は赤色に,栄養細胞は青色に染色される。メチレンブルーはまた,生細胞と死細胞を区別する際の染色にも用いられ,これらの染色法は光学顕微鏡で観察される。一方,核を染色するDAPI染色や,緑色蛍光タンパク(GFP)を目的とするタンパク質と融合させ細胞内での局在性を調べる際は蛍光顕微鏡を用いて観察を行なう。

5章 カビの培養と形態観察

　カビは菌糸体を形成する真菌類で，麹菌などの産業上重要な菌を多く含む。カビ類の形態や生活環は酵母や細菌より複雑であり，分類上の特徴も形態に現れやすい。
　本章ではカビ類の簡易的な同定を行なうための正しい形態観察の方法と，主要なカビ類の4属の特徴について学ぶ。

1. カビの分類と形態

　カビは糸状の菌糸の集合である菌糸体を形成する真菌類の総称で[*1]，糸状菌とも呼ばれる。カビは細菌や酵母と異なり多細胞生物で，組織が分化しており形態や生活環は複雑であり，基本的には図5-1に示すような無性生活環を有している。まず，胞子が発芽すると菌糸が伸長して菌糸体を形成する。その後，分生子柄や胞子のうなどの組織が形成され，そこに胞子が着生する。さらにこういった無性生殖のほかに菌により様式の異なる様々な有性生殖が追加される。例えば接合菌は通常単相体(haploid)で無性生殖するが，ヘテロタリック(heterothallic)[*2]な株由来の菌糸同士が出会うと接合して接合胞子をつくり，その中で双方の核が融合し減数分裂する(図5-2)。また，担子菌類は二核菌糸(dicaryotic mycelium)として通常生活しており，子実体形成後ヒダの裏に存在する担子器(basidum)においてのみ核融合，減数分裂が起き，単核の担子胞子が形成される(図5-3)。担子胞子が発芽してできる単相の単核菌糸(monocaryotic hypha)は，和合性のある単核菌糸同士が遭遇するとすぐ接合し二核菌糸となる。

[*1] 菌糸体を形成する原核生物である放線菌という微生物も存在するが，通常カビには含めない。

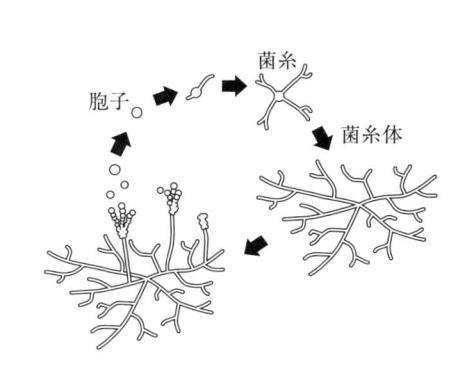

[*2] 自家不和合性の菌，つまり自分とは異なったタイプの菌としか有性生殖を行なうことのできない菌において，異なる性別タイプを持つ株のことを指す。多くの接合菌は自家不和合性である。ただし一部自家和合性のものも存在する。

図5-1　カビの無性生活環

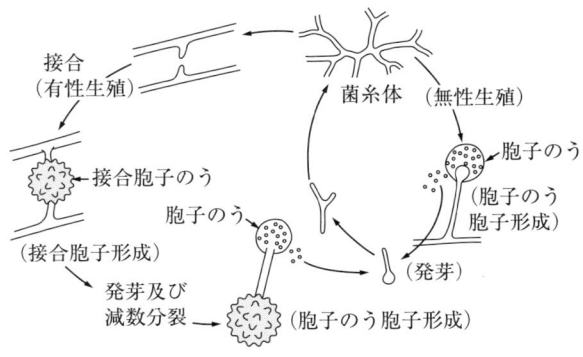

図5-2　接合菌の生活環

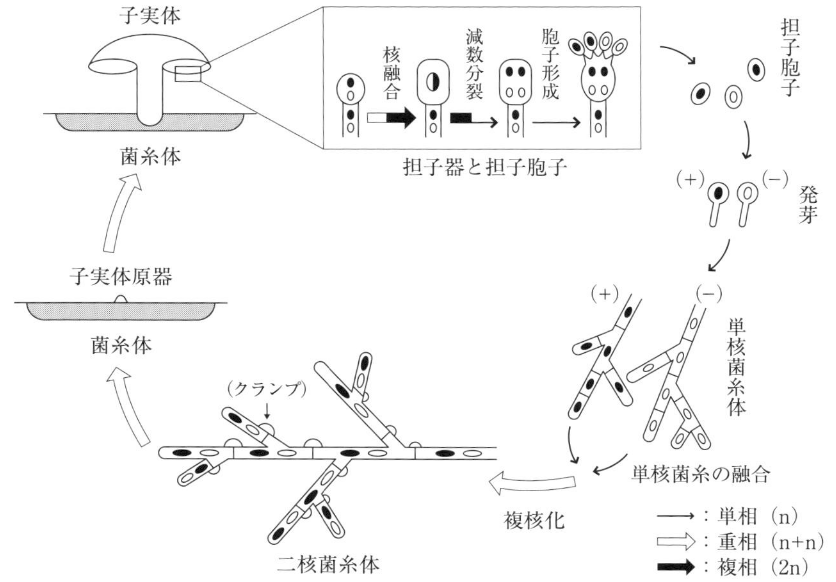

図5-3 担子菌の生活環

*3 詳細は専門書[1]に譲るが,鞭毛菌という分類は分類体系の変化により最近ではあまり使われなくなってきている。しかし本書では古典的分類に基づき鞭毛菌とした。

*4 子のう菌や担子菌の一部が,無性生殖だけでも十分増殖可能なため有性生殖をほとんど,あるいは全く行なわないように進化したものと考えられている。真菌類は有性世代(完全世代)と無性世代(不完全世代)で,同一の種でも同一であることが判別できないくらい形態に違いがあるため,それぞれ別の種として扱われてきた。最近では遺伝子により容易に類縁関係が調べられるようになり,不完全菌という分類群は使わないこともある。

カビ類は有性生殖の様式により鞭毛菌*3,接合菌,子のう菌,担子菌に分けられ,さらに有性生殖をしないものを不完全菌として分類する(表5-1)。

鞭毛菌(mastigomycetes)は,鞭毛を持つ運動性のある胞子を形成する一群で,湿った環境によく生息する。菌糸に隔壁を持たない。産業的に重要なものは少なく,魚や両生類の病原菌がよく知られている。

接合菌(zygomycetes)は,有性生殖により接合胞子を形成する菌で,菌糸に隔壁を欠く点で鞭毛菌に似るが,運動性のある胞子は作らない。また無性的には胞子のう胞子を形成して増殖する。中国や東南アジアで発酵食品の醸造に用いられるケカビ(*Mucor*)やクモノスカビ(*Rhizopus*)などの産業的に重要な菌を含む。

子のう菌(ascomycetes)は有性生殖により子のう胞子をつくる菌類で,非常に多くの種類を含む多様性に富んだ菌群である。通常は分生子による無性生殖で増殖する。菌糸に隔壁を有している。豆腐ようや中国の紅酒などに使われる紅麹菌(*Monascus*)や遺伝学の重要なモデル生物であるアカパンカビ(*Neurospora*)などを含む。

担子菌(basidiomycetes)は,担子器という特殊な細胞の上に有性胞子である担子胞子を形成する菌類で,多くのきのこ類がこれに含まれる。菌糸に隔壁を有し,かすがい連結(clamp)という特殊な構造が見られる。

不完全菌は有性生殖を行なわない菌類であるが,実際には子のう菌もしくは担子菌の無性世代である*4。コウジカビ(*Aspergillus*)やアオカビ(*Penicillium*)などの産業上重要な菌が多く含まれる。

表5-1 主なカビの種類と特徴

	隔壁	属名	種名	特徴
鞭毛菌	ない[注]	*Batrachochytrium*	*dendrobatidis*	カエルツボカビ症の病原菌。ペットのカエルを通じて世界各地で急速に拡がりつつある。カエルの種によっては1地域の個体群が全滅するほど感染力が強く生態系に与える影響が危惧されている。
接合菌	ない[注]	*Mucor*	*rouxii*	インドネシアの餅麹(ラギー)から分離された。かつてアルコール製造に利用された。
		Rhizomucor	*miehei*	仔ウシの第4胃からとれる凝乳酵素レンネットとほぼ同じ働きをする酵素を生産する。現在微生物レンネットとしてチーズ製造に広く利用されている。
		Rhizopus	*oligosporus*	インドネシアの大豆発酵食品テンペの製造に用いられる。大豆のタンパクや脂質を良好に分解する。
			stolonifer	サツマイモや果実の腐敗を引き起こす。フマル酸生産能が強く,工業的に利用されている。
子のう菌	あり	*Monascus*	*anka*	紅麹菌の代表的菌種。沖縄の豆腐ようや中国の紅酒づくりに古くから利用。近年では色素を抽出して天然色素として食品に多く利用される。
		Neurospora	*crassa*	アカパンカビ。遺伝学のモデル生物としてよく利用される。我が国ではあまり発生しないが欧州ではごく普通に見られるカビである。
担子菌	あり	*Amanita*	*muscaria*	ベニテングタケ。イボテン酸などの毒性分を含み,嘔吐,腹痛,幻覚,精神錯乱などを引き起こすが,死ぬことは滅多にない。絵本や民芸品のデザインによく使われる。白樺などの根に寄生する。
		Hypsizygus	*marmoreus*	ブナシメジ。1970年代に菌床栽培が開始され,現在ではエノキタケに次いで生産量が多い。
不完全菌	あり	*Aspergillus*	*oryzae*	我が国で最も多用される麹菌の代表的菌種。日本酒,焼酎,味噌,醤油,味醂,甘酒など様々な醸造食品の製造に利用。
			niger	黒麹菌の代表的菌種。クエン酸生産能が高いため,工業的なクエン酸の製造に利用。
			glaucus	鰹節のカビ付けに利用される。カビ付けされた鰹は乾燥が促進され,世界で最も硬い食品となる。
		Penicillium	*chrysogenum*	ペニシリンの工業生産に利用されている。
			roqueforti	有名なブルーチーズのロックフォールチーズに利用される。典型的なアオカビらしい色をしている。
			camemberti	有名な白カビチーズのカマンベールチーズに利用されている。コロニーなどは白い。

注:基本的にはないが,まれに部分的に形成されていることもある。

　これらの分類群は近年の分子生物学の発展により大きく再編されつつあり,ツボカビ門,接合菌門,子のう菌門,担子菌門,グロムス菌門,微胞子虫門の6つの門に分ける考え方などが主流になりつつある。しかし,形態による古典的な分類の重要性が失われたわけではなく,実用レベルでは,古典的な分類法を理解していれば十分である。

2. 【実験】カビの培養と形態観察

1 目 的

　真菌類であるカビは有性及び無性生殖の様式により分類されており，胞子，分生子及びその周辺組織の形態的特徴が分類の重要な指標となる。そのためカビの分類や同定[*5]においてはそれぞれの菌の形態的特徴を十分に理解していることが求められ，そのうえでそれらの組織の形態を，顕微鏡で適切かつ詳細に観察することがきわめて重要である。また細菌や酵母はコロニーに形態的特徴が現れにくいが，カビにおいては形成されるコロニーにも特徴がよく現れる。特に胞子の色や気中菌糸の生育具合などの形態的特徴は顕微鏡観察では正確に判定しがたいため，ジャイアントコロニーを形成させ，コロニーの肉眼観察を行なうことも重要となる。

　これら肉眼観察と顕微鏡観察の結果からカビ類は同定を行うが，種レベルの同定は経験を積んだ専門家でないと困難である。よって本実験では比較的容易に行なうことのできる属レベルの同定を目的とする。

＊5　未知の菌を分離した際にその菌が何という名前の菌であるかを分類学上の特徴と照らし合わせ調べる操作のことを同定という。同定を行なうことにより大まかな菌の特徴をつかめるため，微生物を扱う際極めて重要である。

2 供試菌

　Aspergillus oryzae, Aspergillus niger, Penicillium roqueforti, Mucor racemosus, Rhizopus oligosporus, 自然界から分離した糸状菌などを用いる。

3 平板培養によるコロニーの形態観察

(1) 使用培地

　ポテトデキストロース寒天（PDA）培地（p.101参照），ツァペック培地（p.108参照）などを用いる。

(2) 平板培養によるジャイアントコロニーの形成

　① オートクレーブ滅菌してPDA平板培地を作製する。また滅菌水も作製する。

　② クリーンベンチまたは無菌箱内に培地と滅菌水を持ち込み，火炎滅菌した白金耳を滅菌水に浸した後（胞子の飛散を防ぐため），供試菌を軽くさわる。菌体をつけすぎない方がよい。

　③ シャーレを裏返し（雑菌の混入や胞子の落下によるコロニーの分散を防ぐため），培地面が上にある状態で下から白金耳で培地中心の1点に接種する。

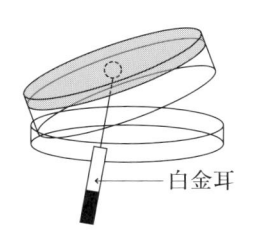

図5-4　ジャイアントコロニーを作製する際の植菌の仕方
注：シャーレを裏にして蓋の隙間から培地の中心に植菌する。

＊6　スケッチは丁寧かつ写実的に記載する。詳細は1章 p.16を参照。

胞子が飛散しないように静かに行なうこと（図5-4）。
④ シャーレを裏返したまま静かに30℃で数日間培養する。培養中はシャーレを表に返したりみだりにさわったりしないこと（胞子が飛散して多数のコロニーが形成されてしまうため）。その後観察を行なう。

(3) 観　察

形成されたジャイアントコロニーを以下のポイントに注目して観察し，形態をスケッチする[*6]。カビは培地，培養温度，培養期間などにより形態が変化するので培養条件は必ず記載する。

　　a．コロニーの色　　　　d．コロニーの厚み　　g．コロニーの円周部
　　b．コロニーの裏面の色　e．コロニーの粗密　　h．コロニー上の浸出物
　　c．生育の速度や程度　　f．コロニーの表面　　i．培地の着色

一般にコロニーの色は胞子の色に由来することが多く，菌糸自体が着色していることは少ない。また菌が色素を生産し，培地が着色していることもある。胞子の色や色素生産性は分類の重要な指標になる。これらを判別するにはコロニー中央付近の色と裏面や円周部の色の違いを比較するとよい[*7]。

4 カビのスライド培養と顕微鏡観察

カビの顕微鏡観察用試料の調整法には切り出し法[*8]とスライド培養（slide culture）法がある。本実験では胞子の脱落などが起こりにくいスライド培養法を行なう。

(1) 使用培地

ポテトデキストロース寒天（PDA）培地（p.101参照），ツァペック培地（p.108参照）などを用いる。

(2) スライド培養
① シャーレにU字ガラス管，スライドグラスを入れ，新聞紙で包み乾熱滅菌する（図5-5）[*9]。
② 試験管に少量のPDA培地を調製し，オートクレーブ滅菌する。同様に少量の滅菌水を調製する。
③ PDAが固まる前にクリーンベンチあるいは無菌箱の中に持ち込み[*10]，上述のシャーレを開き，白金耳を用いてスライドグラスの上にPDA培地を少量[*11]つける。
④ 白金耳で供試菌を培地上に接種する。
⑤ カバーグラスをピンセットで持ち火炎に数回くぐらせ殺菌した後[*12]，冷却し培地の上に載せる。培地に厚みがある場合はピンセットでカバーグラスを軽く押さえてつぶしておく。

[*7] 例えばコロニー円周部は白色で中心部は緑色，裏面は赤色の場合，菌糸は白色で胞子は緑，赤色色素の生産性があると推察できる。

[*8] 切り出し法は丁寧に行なわないと胞子が脱落したり組織が崩れてしまうことがあるものの，非常に簡便な試料の調整法である。まず供試菌を平板培地で培養し，カミソリあるいはメスなどで小さく（2mm平方以下）寒天ごと切り取る。寒天片に厚みがある場合は余計な寒天を切り落とし，スライドグラスの上に1滴垂らしておいたマウント液の上に載せる。針などで軽くほぐして菌を薄く広げ，カバーグラスをのせる。マウント液は水でもよいがラクトフェノール液を利用すると乾燥しにくく観察しやすい。ラクトフェノール液の組成は以下のとおり。
フェノール10g，乳酸10g，グリセリン20g，蒸留水10g，（場合によりコットン・ブルー 0.02g）。ラクトフェノール液は毒性が強いので注意。長期間保存したい場合はカバーグラスの周囲をマニキュアなどで封印しておく。

[*9] カバーグラスも，いっしょに乾熱滅菌する方法もある。

*10 PDA培地をオートクレーブしてとっておき，使用前に湯煎中で溶かして利用する方法もある。

*11 米粒程度の大きさ。このとき培地にあまり厚みがない方が好ましい。

*12 あまり加熱しすぎるとカバーグラスが割れて飛び散るので注意。軽く1〜2回火炎上を通過させるだけでよい。

*13 分生子（胞子）が形成されている組織の柄（軸）にあたる部分。あるいは胞子のうの柄（軸）の部分。

*14 胞子を包む袋状の組織。接合菌では胞子のう，子のう菌では子のうと呼ぶ。

*15 分生子柄あるいは胞子のう柄の先端の膨らみ。

⑥ 乾燥を防ぐため，シャーレ内に少量の滅菌水を入れる。
⑦ 30℃で数日間培養する（図5-6）。

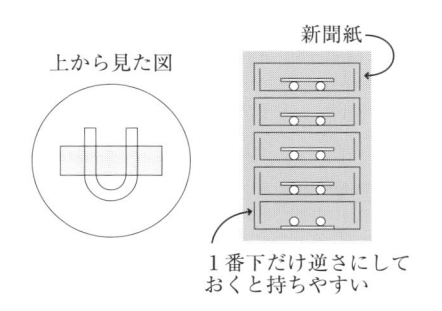

図5-5 器具類の包み方

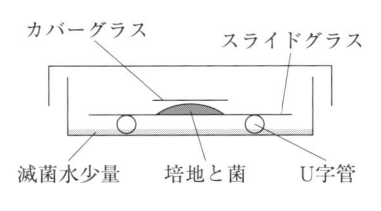

図5-6 スライド培養法

(3) 顕微鏡観察

スライド培養して作製した標本を以下のポイントに注目して観察し，スケッチする。前述したように胞子の着生の仕方や形状などが重要であるため，まず分生子柄，胞子のうなどを探す。

① 分生子柄*13，あるいは胞子のう柄*13の長さ及び分岐
② 胞子のう*14または子のう*14の有無
③ 胞子（分生子）の形，大きさ
④ 胞子の付き方
⑤ 頂のう*15，あるいは柱軸*15の有無，形，大きさ
⑥ フィアライド（phialide・梗子）*16の有無，形，大きさ
⑦ 菌糸の隔壁*17の有無及びかすがい連結（clamp）*18の有無

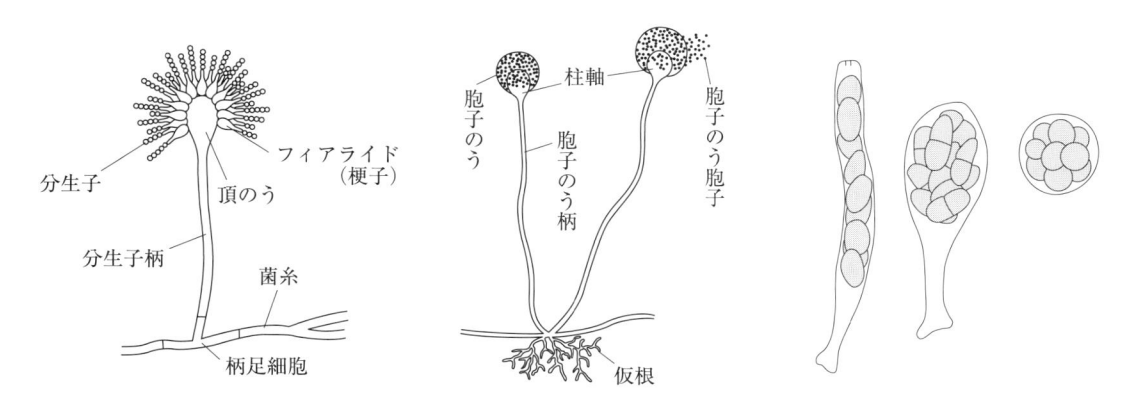

図5-7 カビの微細構造の名称

図5-8 子のうの形態

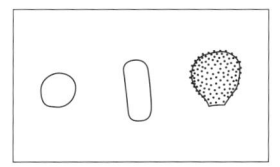

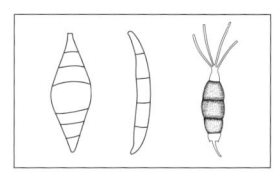

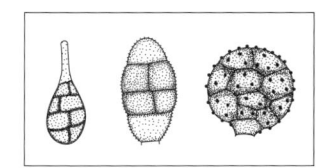

胞子が1細胞	多細胞横隔壁	多細胞縦横隔壁

図5-9 胞子の形態

5 カビの同定

(1) 二分式検索表による同定

ジャイアントコロニー及びスライド培養の観察結果を二分式検索表に照らし合わせることにより，観察した菌を比較的容易に同定することができる。二分式検索表にはカビの性状に関する二者択一の選択肢が記載されており，同定しようとする菌の性質を順次選択肢から選んでいくことで，最終的に属を推定することができる（表5-2）。二分式検索表で属を推定できたら，必ず菌の特徴を本書や図鑑の記述や図と照合して確認する。ここでは最も一般的なカビの同定が行なえるように一部改変を行なった二分式検索表を記載する。カビ類は非常に種類が多く，自然界から分離した菌を同定する際にはこの検索表に当てはまらないことも多い。その場合は専門書や図鑑など[2,3,4]を参照するとよい。

表5-2 簡易糸状菌二分式検索表

1	コロニーは菌糸からなる。	2
	コロニーは菌糸を欠き，湿った粘質のコロニーを形成する。	細菌，酵母類 →3・4章参照
2	胞子は1細胞（図5-9）。	3
	胞子は多細胞（図5-9）。	12
3	コロニー，胞子及び他の器官は無色あるいは明色。	4
	コロニー，胞子及び（あるいは）他の器官は暗色。	9
4	胞子は連鎖[19]。	5
	胞子は連鎖しない[19]。	7
5	分生子柄はふくれた頭部または頂のうを備え，びん形のフィアライドを形成。	*Aspergillus*
	分生子柄の先端はふくらまない。	6
6	胞子は非分岐の連鎖となり，群生した円筒形〜びん形のフィアライドから生じる。コロニーはしばしば緑色。	*Penicillium*
	胞子は未分化の（菌糸とはっきり区別しがたい）分生子柄から分岐した連鎖[19]として生じる。コロニーはしばしば生長が極めて速やかでピンク色。	*Monilia*
7	胞子は柱軸を備えた胞子のうの中に形成。柱軸はしばしばふくらんだ菌糸端としてのみ観察される。菌糸に隔壁はなく，仮根[20]を欠く。*Rhizopus* と比較せよ。	*Mucor*
	胞子は外部に形成。菌糸に隔壁がある。	8

*16 分生子柄と胞子間をつなぐ短い細胞。

*17 菌糸の間を仕切る壁のこと。

隔壁あり

隔壁なし

*18 菌糸の隔壁部分にあるかすがい状の組織。担子菌の二核菌糸の特徴。

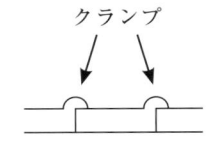

クランプ

*19 連鎖とは，胞子と胞子が数珠繋ぎになっていること。連鎖の分枝とは，途中で枝分かれすること。

連鎖

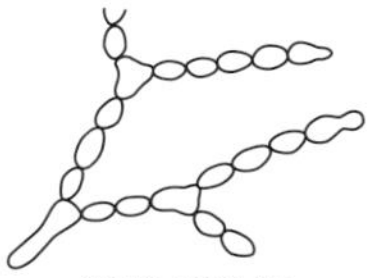

連鎖が分枝

*20 仮根とは，培地などの基物に着生するための細かく枝分かれした根状の組織。

表5-2（続き）

8	分生子柄はよく発達し，中心は通常の軸状となる。極めて速やかに生育し，分生子柄は菌糸の小型クッション柱に通常形成，しばしば緑色。	*Trichoderma*
	分生子柄は発達が悪いか，全く生じない。フィアライドは栄養菌糸そって単生する。	*Acremonium*
9	胞子は連鎖し[19]，外生する。	10
	胞子は連鎖せず[19]，胞子のうの中に形成。柱軸はしばしばふくらんだ菌糸端としてのみ観察される。菌糸に隔壁はない。	11
10	分生子柄は膨らんだ頭部または頂のうを備え，びん形のフィアライドを形成する。分生子連鎖は分岐しない[19]。	*Aspergillus*
	分生子柄先端は膨らまず，分生子連鎖はしばしば分岐する[19]。1細胞と2細胞の胞子（図5-9）がしばしば混在する。	*Cladosporium*
11	胞子のう柄はその基部に仮根（分岐した根）[20]を持つ。	*Rhizopus*
	胞子のう柄は仮根[20]を欠く。	*Mucor*
12	胞子は横方向に隔壁がある（図5-9）。	13
	胞子は縦横に隔壁がある（図5-9）。胞子は通常連鎖し[19]，普通棍棒形。コロニーは灰色〜褐色。	*Alternaria*
13	胞子は暗色，その連鎖は分岐する[19]。	*Cladosporium*
	胞子は無色または明色で大部分の胞子は多細胞（図5-9）。しばしばカヌー形，通常粘塊となる。	*Fusarium*

資料：David Malloch，宇田川俊一・室井哲夫訳『カビの分離・培養と同定』医歯薬出版，1983年の二分式検索表を一部改変

(2) 代表的なカビの特徴

食品に関係する代表的なカビ4属の特徴は以下のとおりである。

a．*Aspergillus* 属

分生子柄の先端が球状にふくれて頂のうとなり，びん形のフィアライドを形成する。また，頂のうからはメトレと呼ばれる台状の細胞が形成されてその上にフィアライドが形成されることも多い。胞子はフィアライドの先端から連鎖[19]する。コロニーと胞子の色は，白色，黄色，緑色，黒色，褐色など様々である。例えば *A. oryzae* では薄黄色〜オリーブ色で，*A. niger* 菌群では黒色となる。分類上は不完全菌とされ，完全世代は *Emericella*，*Eurotium* などの子のう菌にあたる。

Topics　微生物の家畜化？

麹菌 *A. oryzae* は我が国の食文化において大変重要な菌であるが，その分類学的性質は *A. flavus* というカビ毒生産菌ときわめて類似しており，同種であるという説と異なった菌であるという説が長い間議論されてきた。両菌は極めて類似しているが，*A. oryzae* がカビ毒を生産することは絶対にない。異説もあるが，現在では *A. oryzae* は *A. flavus* が人間により品種改良されて無害化し，食品の糖化力などが強化されたものではないかという考えが主流になりつつある。

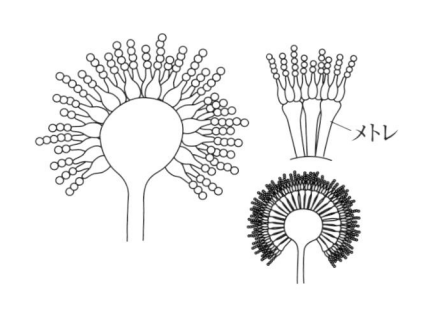

図5-10　*Aspergillus* 属の分生子柄 　　図5-11　*Aspergillus niger* の分生子柄 　　図5-12　*Aspergillus oryzae* のジャイアントコロニー

注：写真では頂のうとフィアライドが観察できるが、実際には球状に胞子が着生するため「葱坊主」のような胞子の固まりに見え、頂のうとフィアライドは隠れて見えないことも少なくない（図5-11）。コロニーは粒子状の分生子柄が大量に着生しているのを肉眼でも観察できる（図5-12）。また、コロニーの厚みは菌種により異なり、例えば *A. oryzae* のコロニーは比較的厚いが *A. niger* のコロニーは比較的薄い。同様に胞子の色も菌種により異なり、黄色から黒色まで様々である。

b．*Penicillium* 属

分生子柄は場合により分岐し、先端はふくらまずびん形のフィアライドが群生する。そのフィアライドの先に胞子（分生子）が連鎖して形成され、いわゆる「ほうき形」となる。胞子及びコロニーの色は緑色が最も多いが、白色、褐色、淡桃色など様々である。時間が経過すると褐色になることが多い。分類学上は不完全菌とされ、完全世代は *Eupenicillium*, *Hamigera* などの子のう菌にあたる。分生子柄の形態などが *Cladosporium* や *Paecilomyces* と紛らわしいので注意が必要。また、コロニーの外観は、濃緑色のコロニーを形成する *Trichoderma* 属菌のものと似ている場合もあるが顕微鏡観察を行なえば判別は容易である。

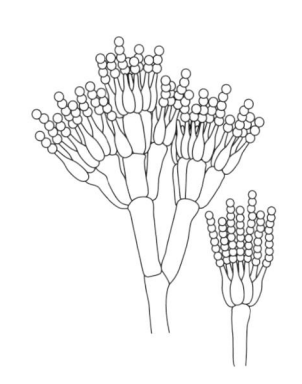

図5-13　*Penicillium* 属の分生子柄 　　図5-14　*Penicillium roqueforti* の分生子柄 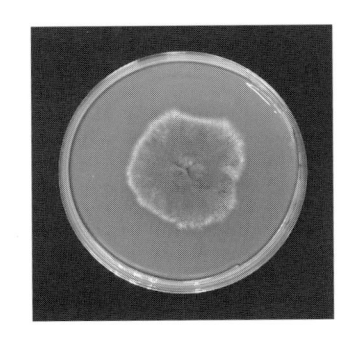　　図5-15　*Penicillium roqueforti* のジャイアントコロニー

注：コロニーには比較的厚みがないことが多く、緑色の胞子が粉状に着生している。

c．*Mucor* 属

胞子は胞子のう柄の先端に生じる球形の胞子のう中に形成され，褐色となる。胞子のうが破れて胞子が飛散すると，球形，梨形，円筒形などの柱軸が残る。菌糸に隔壁はなく，仮根を持たない。培地中の栄養菌糸から直接胞子のう柄が出ている。胞子は無色から褐色で，コロニーは胞子の着生程度により白色から灰色。コロニーの生長は *Rhizopus* 属と比べると遅い。分類上接合菌にあたる。

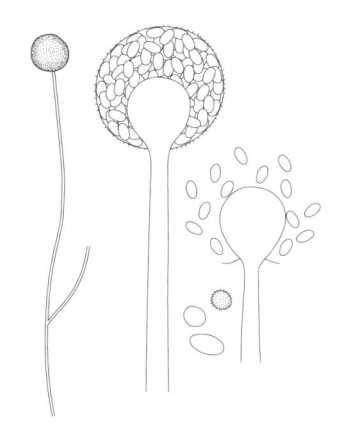

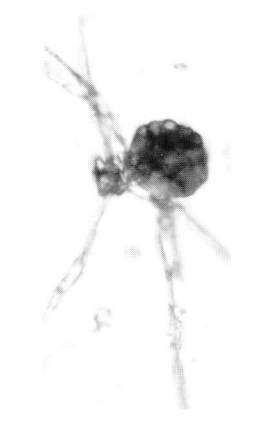

図5-16 *Mucor* 属の胞子のうと胞子のう柄　　**図5-17** *Mucor racemosus* の胞子のうと胞子のう胞子　　**図5-18** *Mucor racemosus* のジャイアントコロニー

注：胞子のうは観察しにくく，しばしば胞子の固まりが着生しているように観察される（図5-17）。胞子のうが剥離して胞子がむき出しになっている場合もある。また *Mucor* 属菌及び *Rhizopus* 属菌などの接合菌類は頻繁に接合胞子を形成するので観察する箇所によっては接合胞子ばかりで胞子のう胞子が少ないこともあるので注意が必要。胞子のうを上向きに着生するためコロニーは比較的厚い場合が多いとされるが，*Rhizopus* 属菌と比較すると薄いことが多い（図5-18）。

d．*Rhizopus* 属

Mucor 属と同じく胞子は胞子のう柄の先端に生じる球形の胞子のう中に形成され，褐色となる。柱軸は球形あるいは半球形で，菌糸に隔壁がない。イチゴのようにほふく枝で培地表面を這って仮根で培地に着生する。そのためコロニーの生長は極めて速い。胞子は灰色から暗褐色。コロニーは胞子の着生程度により淡灰色から黒灰色となり，気中菌糸が発達するため厚くなる。分類上，接合菌類にあたる。*Mucor* 属と類似しているため両者の区別は難しいが，仮根[*20]や成長速度，コロニーの厚みなどで判別できる。ただし，仮根は見つけにくく，注意深く観察することが必要。

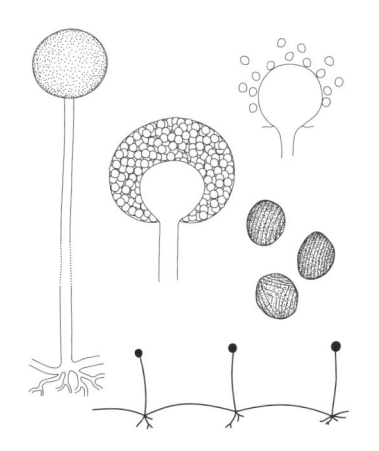

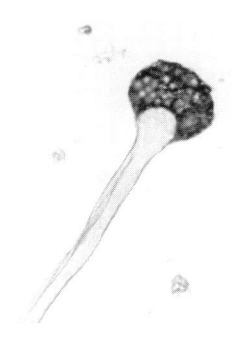

図5-19 *Rhizopus* 属の胞子のうと胞子のう柄　　図5-20 *Rhizopus oligosporus* の胞子のうと胞子のう胞子　　図5-21 *Rhizopus oligosporus* のジャイアントコロニー

注：*Mucor* 属菌と非常によく類似しており，胞子のうだけで判別するのは容易ではない。仮根の有無やジャイアントコロニーの様子をよく観察すること（図5-20）。コロニーの生長は極めて早い。気中菌糸と胞子のう柄もよく発達し，コロニーの厚みはしばしばシャーレのふたに接するほど厚くなる（図5-21）

引用・参考文献
1) 国立科学博物館編『菌類のふしぎ』東海大学出版会，2008年
2) David Malloch，宇田川俊一・室井哲夫訳『カビの分離・培養と同定』医歯薬出版，1983年
3) 宇田川俊一・椿 啓介他『菌類図鑑 上』講談社，1978年
4) 宇田川俊一・椿 啓介他『菌類図鑑 下』講談社，1978年

Topics　カビの食品汚染とカビ毒

　食品関連分野に携わる人間にとってカビは，醸造食品関連以外では食品汚染の原因菌として接する機会が多いのではないだろうか？カビ類は，細菌，酵母に比べて水分の少ない環境に強く，乾燥している食品（穀類，豆類，ナッツ類など）や，塩分や糖分を多く含み自由水が少ない食品（ジャム，蜂蜜，味噌，塩辛など）にも生育してくる。カビによる食品汚染は細菌性の食中毒に比べると急性症状が少ないため軽視されがちだが，強力なカビ毒を生産する菌もいるので注意が必要である。例えば，前述した *A. flavus* はナッツ類や穀類によく発生するが，強力な発ガン性のあるアフラトキシンというカビ毒を生産する。他にもリンゴ青カビ病菌 *Penicillium expansum* の生産するパツリンや，麦類に発生する麦角菌 *Claviceps purpurea* が生産する麦角アルカロイドなどが著名である。一度生産されたカビ毒は加熱しても分解されないため，殺菌や調理により除くことはできない。これらカビ毒による中毒は，製造後の食品が菌により汚染されるケースもあるが，原料が汚染されていたというケースもかなり多い。したがってカビ毒による中毒を防ぐには，食品製造に携わる人間が正しい知識を持ち対処することが重要になる。

> **Topics　最も身近なカビ「きのこ」の分類，同定方法**

　きのこ類は八百屋や青果売り場に野菜と一緒に並んでいるせいか，野菜の一種のように思われていることが多いが，実際には糸状性真菌，つまりカビの仲間にあたる。きのこ類は多くのものが担子菌で，子実体という胞子を飛散させるための組織を形成する。スーパーなどで目にするいわゆる「きのこ」の部分がその子実体にあたり，実際にはその下に子実体より遥かに大きい菌糸体が存在している。例えばシイタケであれば子実体が発生しているほだ木（丸太）の内部ほぼ全体に菌糸体が蔓延しているし，松の根に寄生するマツタケなどであれば，地下に直径数メートル程度のシロと呼ばれる菌糸の集合体が形成されている。ナラタケ属きのこに至っては森の地下全域に拡がることもあり，これまでに知られている最大の例ではアメリカのオレゴン州の広葉樹林で9.65km^{2}にわたり拡がっていたという報告もある。これは重さにすると600tを超えると考えられ，1つの個体としてはシロナガスクジラを超える巨大生物といえる。そのためきのこ類は，「微生物であるのに世界最大の生物」という奇妙な肩書を持つ。

野外で発生する子実体（タマゴタケ）

　こういった奇妙な性質を持つきのこ類は，分類学においても実は微生物よりは植物や動物に近い特殊な扱いを受ける。もちろんきのこ類も基本的には他の微生物と同様に有性生殖の様式により分類される点は同じである。そのために重要視されるのが胞子とそれを形成する器官の形態であることは本章でも述べたが，一般的な形のきのこの場合，胞子は傘の裏のヒダにある担子器の上に形成される。そのため，分類上この子実体が大変重要視され，きのこの分類はこの子実体を肉眼及び顕微鏡で徹底的に観察することにより行なわれる。よって子実体を採集して乾燥標本にしておけばいつでも分類，同定が可能であり，100年以上前の標本を未だに分類学的な研究に使うこともある。例えば最近でも幕末に採集された標本を観察し，最近採れたきのこと比較して同一の種であることが示された例がある。その一方で，きのこ類はヒダなどの特定の組織以外の場所には胞子をほとんど作らないため，コロニーは多くの場合白色で，検鏡しても胞子は観察できない。よって，分離した菌株の形態観察を行なっても同定することは困難である。一般的な微生物では菌株を分離して生かした状態で保存することが新種の登録や分類で重要視されるが，きのこにおいてはあまり重要視されず，植物や動物と同様に乾燥標本の保存が重要視される。

　少々特殊な微生物であるため一般的な微生物学実験で扱われることは少ないが，興味深い性質を多く持った微生物なので森や道ばたなどで目にする機会があれば是非よく観察してみることをおすすめする。図鑑と照らし合わせて似たものを探すだけでも，普通の微生物学実験では味わえないおもしろさを体験できると思われる。

6章 微生物の大きさの測定

　微生物のコロニー[*1]は肉眼で観察可能であるが，その菌体や胞子の観察には顕微鏡が用いられる。微生物はその種類によって大きさや形態が異なり，これを知ることは微生物の特性を理解する上で非常に重要である。
　本章では，微生物の大きさを測定するための器具類及びその使用方法について概説する。

1. 微生物の大きさの測定法

[*1] コロニー：集落ともいう。微生物の菌体が固体培地上で生育して形成される菌塊のうち，肉眼観察可能なものをコロニーという。

　微生物の大きさを測定するには測微計（micrometer）を使用する。測微計は接眼測微計（ocular micrometer）と対物測微計（object micrometer）とが1組となったもので，その特徴と使用法は以下のとおりである。

1　使用器具

(1) 接眼測微計

　等間隔な約50の目盛りが刻まれた円形ガラス板である（図6-1(a)）。顕微鏡の鏡筒にセットして使用するものであり，この目盛りが測定の際の"物差し"的役割を果たす。

(2) 対物測微計

　10μm間隔の等間隔の目盛りが200程度刻まれたスライドグラス様のガラス器具であり，"長さの基準"となるものである（図6-1(b)）。これをもとにして，大きさ測定の際の"物差し"的役割を果たす「接眼測微計」の目盛り間隔が何μmに相当するかを算出するのである。

2　測定準備（接眼測微計の目盛り間隔の算出）

　ここでは，"物差し"の役割を果たす接眼測微計の1目盛りが示す長さをあらかじめ算出する。すなわち，既知の長さの物体（対物測微計）を顕微鏡で観察し，これが接眼測微計の何目盛りに相当するかということを基準に算出する。

6章　微生物の大きさの測定

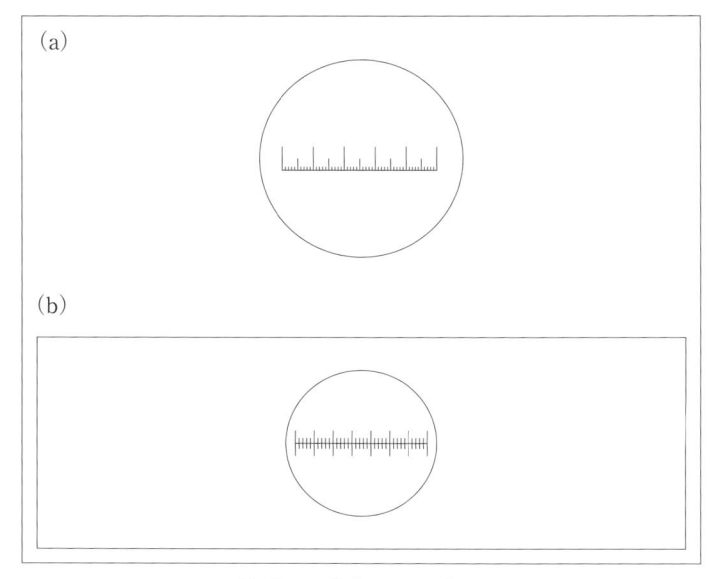

図6-1　ミクロメーター
注：(a) 接眼測微計
　　(b) 対物測微計

① 接眼レンズの鏡筒をはずし，接眼測微計を接眼レンズ内にセットする。
② 顕微鏡のステージに対物測微計をセットする。
③ 観察倍率を100～150倍程度に設定する。
④ 鏡筒をのぞきながら顕微鏡のステージを動かし，対物測微計の左端目盛りを接眼測微計の左端目盛りと正確に重ねる。
⑤ そのままの状態で，視点を右側に移し，接眼測微計の目盛りと対物測微計の目盛りが重なっている部分を探す。この際，なるべく左端から離れた位置で見つけた方が誤差が少なくなる。
⑥ 接眼測微計の何目盛りが対物測微計の何目盛りと重なったかを読み取る。
⑦ ③で設定した観察倍率(100～150倍程度)において，接眼測微計の1目盛りが何μmに相当するかを，次式により算出する。

(接眼測微計(ocular micrometer)の目盛り間隔(μm))
　＝(対物測微計の目盛り数)×10(μm)／(接眼測微計目盛り数)

〔目盛り間隔の算出例〕

ある倍率で接眼測微計47目盛りと対物測微計46目盛りが重なったとする(図6-2)。対物測微計の1目盛りは10μmなので，その46目盛りは

10(μm) × 46(目盛り) = 460μm

である。すなわち，長さ460μmのものを顕微鏡で観察したところ，その大きさ

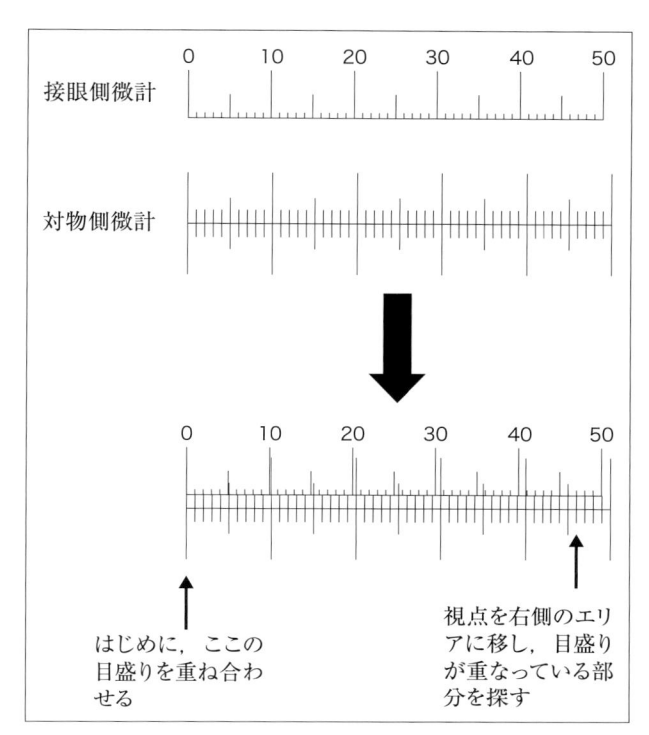

図 6-2 測定準備の実際

注：顕微鏡のステージを左方向に動かして，接眼側微計のゼロ目盛りと対物側微計の左端の目盛りを重ねる。次いで，視点を右方向に移し，両側微計の目盛りが重なる部分を探す。図では，対物側微計 46 目盛りと接眼側微計 47 目盛りが重なっている。

が接眼測微計の 47 目盛り分に相当する長さに見えたことなる。したがって，接眼測微計の 1 目盛りは，

460（μm）÷ 47（目盛り）≒ 9.79（μm）

となる。

3 測　定

　接眼測微計の 1 目盛りに相当する長さの基準値を算出した後，ステージに試料をセットする。これを検鏡することにより，接眼測微計の目盛りの読みから試料の長さが計測可能となる。但し，観察倍率を変更した場合には，接眼測微計の 1 目盛りに相当する長さの基準値の換算が必要（「2. 酵母の大きさの測定」5 の計算式，次頁を参照）であることに注意しなければならない。

2. 酵母の大きさの測定

1 目 的
　測微計の使い方を習得すると共に，アルコール飲料やパンなどの製造に使用される酵母の大きさを測定することで，酵母に関する理解を深める。

2 供試菌
　Saccharomyces 属の酵母を用いる。但し，*Candida* 属などの他属の酵母の使用や市販のドライイーストによる代用も可能である。

3 培 地
　ポテトデキストロース培地や YM 培地などを用いる。

4 酵母菌体の調製
　振とう培養によって得られた培養液，あるいは固体培地上に生育した酵母のコロニーから掻き取った菌体を少量の蒸留水に添加して，酵母懸濁液を調製する。市販のドライイーストを使用する場合には，これを温水(30℃程度)に投入して調製した酵母懸濁液を用いる。

5 実験操作
① 顕微鏡の観察倍率を100～150倍に設定し，接眼測微計の目盛り間隔を決定する。
② 接眼測微計はセットしたまま，通常のスライドグラスに培養液(または菌体懸濁液)を数滴乗せてカバーグラスをし，これを顕微鏡にセットする。
③ 酵母菌体の大きさが，接眼測微計の目盛りに相当するかを計測する。なお，必要に応じて観察倍率を変えてもよい。
④ 次式により，酵母菌体の大きさを算出する。

　　(酵母菌体大きさ(μm)) ＝ A × B × (C ／ D)
　　　A：接眼測微計の目盛り間隔(μm)
　　　B：酵母に相当する接眼測微計の目盛り数
　　　C：接眼測微計の目盛り間隔(μm)を算出した際の顕微鏡の観察倍率
　　　D：菌体を観察した際の顕微鏡の観察倍率

　なお，酵母細胞は球状ではなく，卵状に近い形をしているので，顕微鏡下では楕円形状に観察される。また，すべての細胞の大きさが同一という訳ではなく，

細胞間で大きさに多少のバラツキがある。そのため，細胞の大きさ表記は，「（楕円の短軸）×（楕円の長軸）」という形式とし，それぞれの軸長値にも幅を持たせることがある（例：（5〜7μm）×（9〜12μm））。

3. 糸状菌の大きさの測定

1 目 的
測微計の使い方を習得すると共に，酵素，有機酸，医薬品などの各種有用物質生産に使用される糸状菌の大きさを測定し，その特徴について理解を深める。

2 供試菌
Aspergillus（コウジカビ）属，*Rhizopus*（クモノスカビ）属，*Penicillium*（アオカビ）属，あるいは *Mucor*（ケカビ）属の糸状菌を用いる。なお，他の属の糸状菌も使用可能である。

3 使用培地
ポテトデキストロース（寒天）培地，あるいはツァペック（寒天）培地を用いる。

4 糸状菌の調製
糸状菌の形態観察で使用するスライドカルチャーの調製に準じて行なう。
① グラスシャーレにU字ガラス管及びスライドグラスを入れ，これをアルミホイルで包んだ後，乾熱滅菌する。
② 培地をオートクレーブ滅菌する。同時に，蒸留水も滅菌しておく。
③ 白金耳あるいはピペットを用い，培地数滴をスライドグラス上に置き固化させる。
④ 培地に供試菌を植菌する。
⑤ コルネットピンセットを用い，カバーグラスを火炎中に数回くぐらせ，冷却後，これを④で植菌した培地に被せる。
⑥ U字ガラス管上にスライドグラスをセットした後，シャーレ中に②で調製した滅菌水を少量入れてフタをし，これを約30℃で数日間培養する。

なお，菌糸の太さ測定を主とする場合には，液体培養により調製した菌体で代用することも可能である。

5 実験操作
前頁の「酵母の大きさの測定」実験と同様の操作により，胞子の大きさ，菌糸の

太さ，及び他の器官（糸状菌の属により異なるので詳細は5章を参照，p.64～）の大きさを観察する。

> **Topics　単位を忘れて単位を落とす（？）**
>
> 　幾分大げさな言い方ではあるが，講義で「単位が重要です」といった途端に，それまで講義の内容など上の空だった（？）学生はもちろん，多少ウトウトして別世界をさまよっていた学生までもが「この講義の単位の取り方についての説明はきちんと聞いておかねば」とばかりに，急に目の色が変わる。もちろん，「講義の単位」は大学で勉強した証となるものであり，その重要性は，今さらここで述べるまでもない。ここで，話題にしたいのは科学分野で用いられる「単位」のことであることを告げると，途端に，「あっ，そっちの単位ですか。cmとか，kgとか，mLとかですよね！」との声が聞かれる訳で，そのことに多少の安堵感を覚えなくもないのであるが，とはいえ，この回答を安易に受け入れる訳にはいかないのである。なぜなら，この回答からは，「単位」とは何か，ということが正確に理解されているとは感じられないからである。では「単位」とは何か？これを厳密に定義すると「ある種類の量（例えば，長さ）を数値で表すために，比較の基準として用いられるもので，大きさが約束されている同種の量（例えば，メートル）をその種類の量（長さ）の単位という」ということになる。これを踏まえ，先の回答は「m，g，及びLが，それぞれ長さ，質量，及び体積の単位である」とすべきであることを説明することになるのである。次の瞬間，「えっ，cm，kg，あるいはmLそのものが単位じゃないのですか？」という声が上がる。すでにお分かりの方もおられると思いますが，この質問に対する答えは「単位には，10の倍数を表す接頭語が付くことがあるのです。例えば，c（センチ），k（キロ），及びm（ミリ）は，それぞれ10^{-2}，10^{3}，及び10^{-3}の意味です」ということになる。さすがにここまで説明すると，「今まで，様々な単位の変換については，全て暗記にたよっていましたが，そんな必要はないのですね。例えば，100cm＝1mというのも，これを1まとまりのものとして覚えるのではなく，100×10^{-2}m＝1mって考えれば良いのですよね」という声が学生側からも，ちらほら聞かれるようになる。やっと一安心である。
>
> 　ちなみに，同じ種類の量を表す場合であっても，社会や国の事情，あるいは歴史的背景などによって，世界には異なる様々な「単位」が存在している。ただし，これでは不便なので，科学の分野では，1969年からSI単位（The International System of Units）が用いられている。これは，国際度量衡総会（Conférence générale des poids et mesures：CGPM）において提起され，国際標準化機構（International Organization for Standardization：ISO）によって採択された世界標準の単位であり，これを用いることで世界中の科学者が同じ尺度で科学現象を論じることが可能になっているのである。詳しくは成書（M.L.Mcglashan著，関集三・徂徠道夫共訳『SI単位と物理・化学量』化学同人，1999年，あるいは小川雅弥ほか『改訂　化学のレポートと論文の書き方』化学同人，1999年など）を参考にして欲しい。
>
> 　最後に，本欄の読者である賢明な学生の皆様におかれましては，「実験レポート文中の数値に単位を付け忘れたことが原因で，実験の単位を落としたなどということがないように」と祈るばかりである…。

7章 微生物の増殖度の測定

　微生物の生育には様々な環境因子が関与しており，それらによって菌体収率，代謝の様相，菌体成分組成など細胞の生理的状態も変化する。優れた特性を有する微生物によって工業的な物質生産を行なうには，微生物の増殖様式とその経時的変化(増殖速度)を把握することが極めて重要である。また，微生物防除(雑菌汚染防止)においても，微生物の増殖量を定量的に把握することが必要不可欠である。
　本章では，微生物の数や量の定量法及び目的にあった定量法の選択について概説する。

1. 微生物の増殖度の測定法

1 重量による測定法

　培養液から，遠心分離，あるいはろ過などにより菌体を分離・回収し，これを乾燥処理(80～110℃, 1晩程度)して恒量にいたらしめ，その重量を定量する(乾燥菌体重量；dry cell weight〔DCW〕)。場合によっては，乾燥処理を行なわずに，重量を定量することもある(湿潤菌体重量；wet cell weight)。
　本法は，主として糸状菌や放線菌の定量に用いられるが，バクテリアや酵母の定量にも適用可能である。

2 分光光度計による測定法

　培養液に光を照射すると，液中に浮遊している細胞により光の散乱が生じる。散乱光の光度は，細胞形状，表層状態，大きさなどの影響を受けるが，培養液中での細胞濃度が均一であると仮定すると，その値は細胞数に概ね比例する。そこで，分光光度計を用い，赤色光(波長660nm付近の光)における培養液の吸収度(この値は培養液単位体積当たりの細胞数に比例)を測定し，これを濁度として表記する。なお，同一試料であっても，測定に用いる分光光度計が異なると濁度値も変化することには注意が必要である。また，対数増殖期後期の培養液においては，その濁度が分光光度計の測定限界域を超えた値になることも多いので，この場合は培養液を生理食塩水(あるいは培地)などにより希釈して測定を行なう必要がある。本法は，バクテリア，酵母，あるいは糸状菌胞子の定量に適用可能であるが，糸

状菌菌糸や放線菌を含む培養液のような不均一系試料には用いることができない。また，生細胞と死滅細胞の識別は困難である。

3 平板培養による測定法

被検液(培養液や食品試料など)を殺菌水(あるいは殺菌生理食塩水)により段階的に希釈する。その一定量(通常，1 mL)を滅菌シャーレに入れ，ここにあらかじめオートクレーブ殺菌(p.7〜)したのち45℃程度に冷却した寒天培地を適量流し込んで平板培地を調製する(混釈法)。あるいは，あらかじめシャーレ内に平板培地を調製しておき，ここに被検液の希釈液0.1 mLを添加してコンラージ棒により均一に塗布する方法(平板塗抹)も用いられる。

いずれの場合も，これを数日間培養して生じるコロニー数を計数することによって，被検液中の細胞数を算出することができる。信頼性の高いデータを得るためには，シャーレ1枚当たりの生育コロニー数が30〜300個となるように被検液を希釈することが必要不可欠であり，被検液は殺菌水などを用いて10倍ずつ段階的に(通常，最大で10^8倍程度まで)希釈して平板培養に供される。生育コロニー数が適切となった希釈液から得られたデータをもとに，被検液中の細胞数を算出する。本法は，バクテリア，酵母，糸状菌胞子の計数に適用可能であり，生細胞が検出される。

4 検鏡法

「血球計法」ともいわれる手法であり，総菌数を求める方法である。定量は，被検液，あるいはその希釈液を光学顕微鏡により検鏡することにより液中の細胞数を計数し，これをもとに被検液中の細胞数を算出する。一定の液量中に存在する細胞数を計数のために，酵母や糸状菌の胞子を対象とする場合にはトーマ氏血球計(Thoma's HEMACYTOMETERS)やプランクトン計算盤が，またバクテリアを対象とする場合には，ペトロフ-ハウザー計算盤(Petroff-Hausser's HEMACYTOMETERS)やフルバー計算盤が用いられる。

生細胞と死滅細胞とを分別計数する場合には，アルカリメチレンブルーなどの染色液が用いられる。

5 その他の方法

前記の定量法以外にも，① 菌体容量法(パックド・ヴォリューム〔packed volume〕法ともいわれる方法で，目盛り付き遠沈管に被検液を入れて遠心分離に供し，遠沈管の底部に凝集された菌体の容量を目盛りから読み取る方法)，② 菌体成分法(グルコサミンなどの細胞壁構成成分，核酸などの遺伝子関連物質，あるいはATPなどの量，さら

にはカタラーゼなどの酵素活性をもとに菌体量を算出する方法)，③ その他(被検液の電気伝導度を利用するコールターカウンター法や特殊なフィルムやフィルターを用いる方法など)など様々な方法があるので，対象となる菌体の特性や研究目的に応じて定量法を選択することが必要である。

2. 【実験1】酵母の増殖曲線の作成

1 目 的
酵母の液体培養(p.35)を行ない，培養期間中の菌体量，培地中の糖の残存量を経時的に定量することで，菌体増殖の特徴や両培養法の特性について理解すると共に，培養条件が増殖速度や糖の消費速度にどのような影響をおよぼすかについて考察する。

2 供試菌
Saccharomyces 属酵母を用いる。但し，*Candida* 属など他属の酵母を用いることも可能である。

3 培 地
グルコース20g/L，酵母エキス 2 g/L，$(NH_4)_2SO_4$ 5 g/L，KH_2PO_4 2 g/L，及び $MgSO_4・7H_2O$ 1 g/L からなる培地(pH 6)を用いる。培地は殺菌後に，$CaCO_3$(あらかじめ乾熱殺菌しておいたもの)薬さじ(小) 1 杯及び 1 ％シリコン・オイル(消泡剤)数滴を添加して用いる。

なお，YM 培地やポテトデキストロースブロス培地で代用することも可能である。

4 実験操作
① 500mL 容振とうフラスコ(坂口フラスコ，肩付きフラスコともいう)を 3 本用意し，それぞれに培地100mL を入れ，120℃，10分の条件でオートクレーブ殺菌する。

② 1本の振とうフラスコに，供試菌株を 1 白金耳植菌し，30～37℃で 1 晩振とう培養を行う(これを"前培養"という)。

③ 滅菌ピペットを用いて，残り 2 本の振とうフラスコに，前項②で得た前培養液10mL をそれぞれ添加する。

④ 一方の振とうフラスコを振とう恒温培養器(120往復／分，30～37℃)に，他方を恒温器(30～37℃)にセットして，培養を行なう(これを"本培養"という)。

7章　微生物の増殖度の測定

*1　酵母数の計数に用いる培養液について

培養液は，これをトーマ氏血球計に注入した際に，血球計の最も小さい空間（1区画）に5個程度の菌体が観察されるように希釈することが望ましい。したがって，培養液中の菌体濃度が高い場合には，蒸留水や生理食塩水などにより希釈して用いる。

⑤　本培養開始後，数時間毎に両フラスコからそれぞれ培養液*1を無菌的にサンプリングする。

⑥　各サンプルについて，生菌数，濁度及び残存グルコース量を測定し，その経時変化をグラフにまとめる。

> **トーマ氏血球計について**
>
> 血球計は，スライドグラス上に0.05mm角の正方形の区画線が碁盤の目状に複数個刻まれたものである（図7-1）。ここに，専用カバーグラスを乗せて圧着（ニュートンリングが生成される）させると，血球計本体とカバーグラスとの間に厚さ0.1mmの微小空間ができる。したがって，そこに形成される最も小さい空間（1区画）の体積は
>
> $$0.05\,(mm) \times 0.05\,(mm) \times 0.1\,(mm) = 0.00025\,(mm^3) = (1/4) \times 10^{-6}\,(mL)$$
>
> となる。

*2　トーマ氏血球計への培養液の注入

専用カバーグラス（ヘモカバーグラス）を圧着させたトーマ氏血球計を顕微鏡にセットする。次いで，鏡筒をのぞきながらステージを移動させ，区画線が見える状態にする。ピペットを用いて，培養液をカバーグラス脇に1，2滴置くと，毛細管現象によって培養液は上述の微小空間に浸透する。光量調整フィルターやピントの調整をした後，菌体数を計数する。

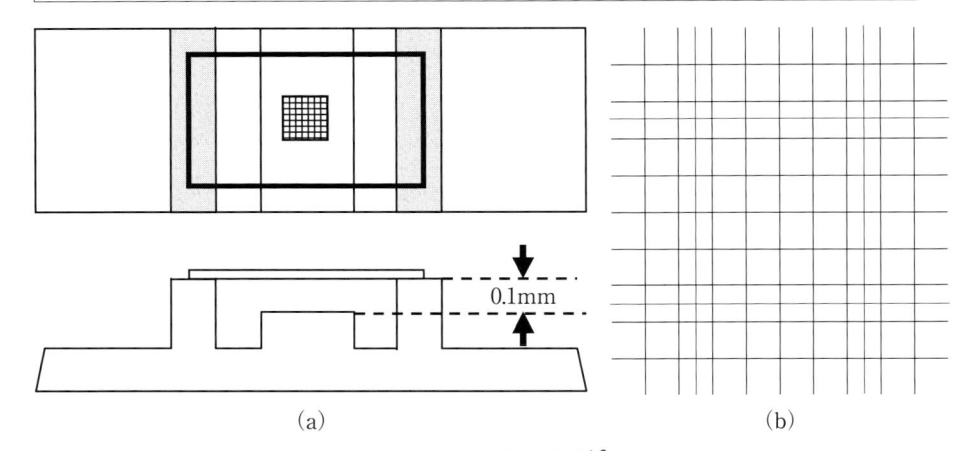

図7-1　トーマ氏血球計*2

(a)　血球計本体及び専用カバーグラス（ヘモカバーグラス）
(b)　目盛り部分の拡大図：縦横5区画ごとにマス目幅が狭くなっており，細胞数を計数する範囲の認識をしやすくしている。

> **グルコースの定量について**
>
> グルコース量は，ソモギー（変）法，DNS法，フェノール硫酸法，グルコース測定キット（和光純薬），あるいは液体クロマトグラフィーなど様々な手法により定量することが可能である。詳細については成書（福井作蔵『還元糖の定量法』学会出版センター，1982年など）を参考にするとよい。

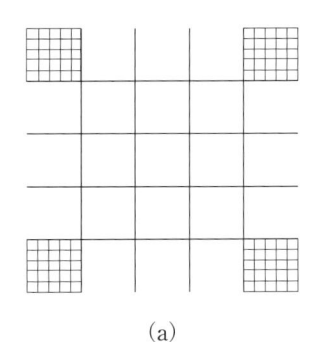

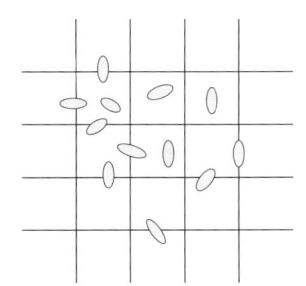

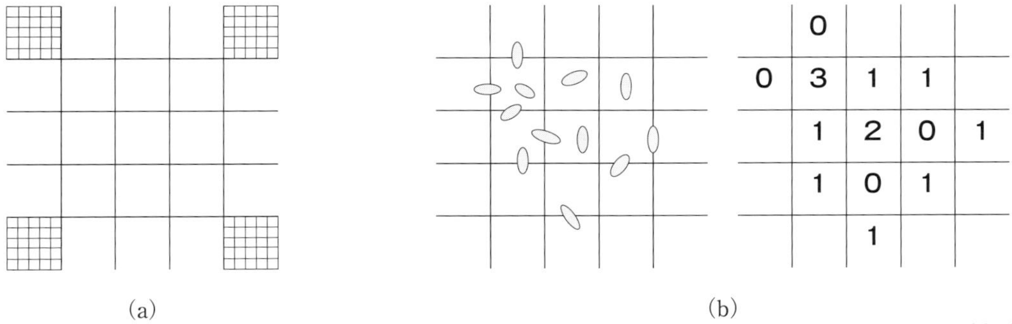

2. 【実験1】酵母の増殖曲線の作成

(a)　　　　　　　　　　　　(b)

図7-2　トーマ氏血球計での菌体の計数法[*3]

(a) 顕微鏡のステージを移動させ，25区画分の菌数を満遍なく4回程度計数する。図では，4隅に存在する25区画を4回，合計100区画分に存在する菌数の計数を行なうことを示している。

(b) 線上に存在する菌を2度計数しないように注意する。対策としては，「線上の菌は，『「』部分に存在するものだけを計数する」など計数に関する各自の基準作りを行なう。図はそのような基準に基づいて計数した例を示したものである。

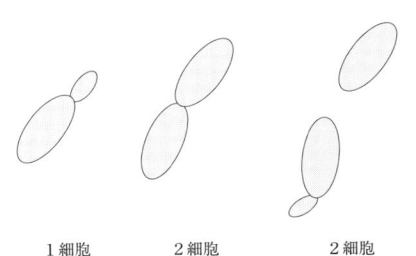

1細胞　　2細胞　　2細胞

図7-3　出芽した酵母の計数法

酵母は出芽・分裂するので，計数は2つの細胞が同程度の大きさなら「2」，それ以外の場合は「1」とする。

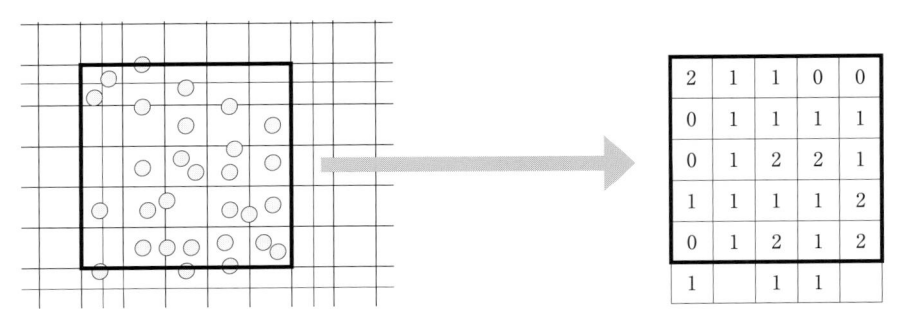

*3　計数法と計数のコツ

菌体の計数は，顕微鏡下で満遍なく行なう(図7-2(a))。この際，区画線上に存在する同一菌体を複数回計数しないよう注意すること(図7-2(b))，及び出芽酵母の計数法(図7-3)にも注意が必要である。

得られた菌数から1区画当たりの平均菌体数を求め，これをもとに1区画の体積(前頁「トーマ氏血球計について」を参照)を考慮して，菌液の菌体濃度を算出する(図7-4)。

図7-4　計数例

注：図のように観察されたとすると，各区画で計数される菌数は右記のようになる。つまり，25区画中(太線で囲んだ部分)に26個の菌が存在することになる。よって，1区画当たりの菌数は26／25(個)。

〔計算例〕

注：25区画で26個の菌体が存在したとすると，1区画の菌体数は$(26/25)$個。一方，1区画の体積は$(1/4) \times 10^{-6}$mLである。したがって本試料の菌体濃度(個／mL)は，

$$\{(26/25)個\} / \{(1/4) \times 10^{-6}\}\text{mL}$$
$$\fallingdotseq 4.16 \times 10^6 \text{(個／mL)}$$

となる。単位(個／mL)を忘れずにつけることが重要！

> **Topics　微生物の増殖を計算する**（もっと詳しく知りたい人のために）
>
> 　　対数増殖期にある酵母や細菌は，一定の時間毎に倍々と規則的に増加していくため，その増殖を数学的に取り扱うことができる。使用される代表的な公式として以下の2つがある。
>
> $$(1)\ \log_{10}(N/N_0)/\log_{10}2 = (t-t_0)/T \qquad (2)\ \log_e(N/N_0) = \mu(t-t_0)$$
>
> t_0 及び t：対数増殖期におけるある時刻（但し，$t_0 < t$ とする）
> N_0 及び N：それぞれ時刻 t_0 及び t における菌数
> T：平均世代交代時間（細菌），出芽時間（酵母）。増殖により菌数が倍になるまでの時間。
> μ：（最大）比増殖速度

3.　【実験2】大腸菌群検査

1　目　的

　大腸菌群とはグラム陰性，無芽胞菌で乳糖を分解して酸とガスを発生する好気性または通性嫌気性の細菌群で，食中毒菌などと起源が同じである。したがって，これらの有無は，食品などの汚染・衛生指標となる。本実験では，これら細菌群の生理学的性質を利用して，身近な検体から簡便に選択的に菌を検出し，汚染の状況を評価する。また，平板法による生菌の計数法を習得する。

2　供試試料

　各種飲食物，河川や湖沼の水，流し台の付着水，布巾・まな板・雑巾の洗浄水などを用いる。但し，乳酸発酵系飲食物は本実験の試料には適さない。

3　培　地

　デソキシコレート寒天培地を用いる。

4　実験操作

① 300mL容三角フラスコに培地150mLを入れ，寒天を加熱溶解した後，約45℃で保持しておく。

② 試験管8本にそれぞれ蒸留水9mL（正確に）を分注し，オートクレーブ殺菌（121℃，10分）する。

③ 室温まで冷却後，試験管に順次No.1～8の番号を付す。

④ 供試試料1mL（固体試料の場合は1g）を試験管（No.1）に投入して栓をした後，これをよく撹拌する（図7-5）。

⑤ 試験管（No.1）から液1mLをサンプリングし，これを試験管（No.2）に投入し，よく撹拌する。

3. 【実験2】大腸菌群検査

⑥ 前項⑤と同様の操作を，試験管(No.3～8)についても順次行ない，段階的に希釈〔希釈倍率10(試験管 No.1)～10^8(試験管 No.8)〕した試料液を調製する[*4]。

⑦ 滅菌シャーレを用意し，順次 No.1～8(それぞれ最低2枚ずつ)の番号を付す。

⑧ 各シャーレに，対応する試験管から希釈試料1 mL をそれぞれ分注する[*5]。

⑨ 各シャーレに，①項で調製しておいた培地約10mL を手早く流し込み，フタをする。

⑩ シャーレを穏やかにスワーリング(机の上で軽く旋回させること)することにより培地を全面に行き渡らせ，しばらく室温で放置して培地を固化させる。

⑪ 複数枚のシャーレを束ねて，天地返しし，これを培養(30～37℃で数日間)する。

⑫ 生育してきたコロニー〔周囲あるいは全体が紅色を帯びているコロニー(大腸菌群)〕とそれ以外のコロニー〔その他の菌(一般細菌や酵母など)とを分別〕を計数する。

⑬ 供試試料の単位体積当たり(固体試料の場合は単位重量当たり)の菌数[*6](大腸菌群とその他の菌とを分別)を算出する。

[*4] 希釈操作毎に使用ピペットを交換する。

[*5] 分注の際は，その都度使用ピペットを交換する。

[*6] 菌数を表記する単位について

本法での菌の計数は，平板培地上に生育するコロニー数に基づくことから，CFU(colony forming unit：コロニー形成単位の頭文字)という単位で表記されることも少なくない(意味は「個」や「cells」と同様)。また，結果は「単位試料量当たりの菌数」，すなわち「菌濃度」として表され，その単位としては，〔CFU／mL〕，〔cells／mL〕，〔cells／100mL〕，あるいは〔cells／g〕などが一般に用いられている。研究分野の慣習などにより，使用される単位の表記が異なる場合もあるので，注意が必要である。

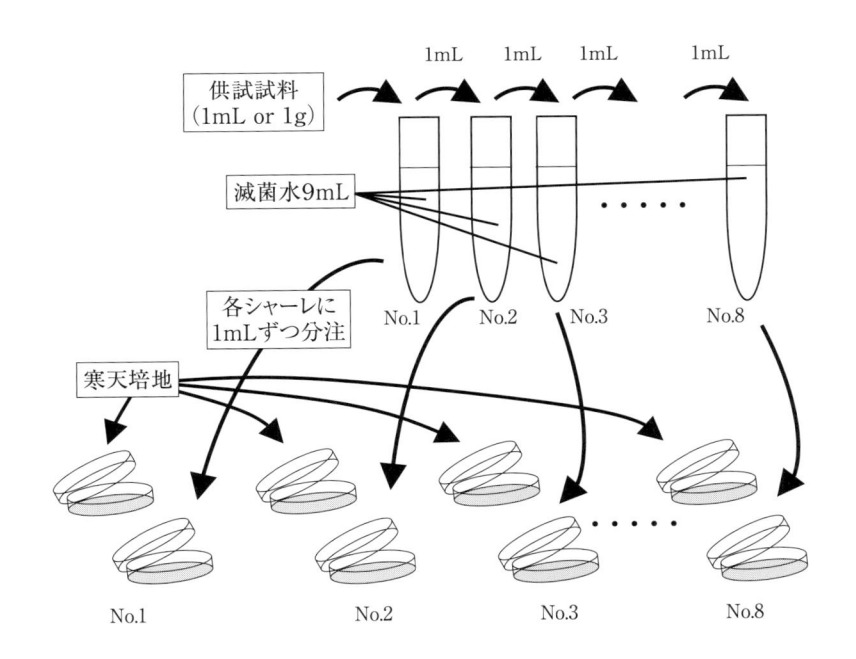

図7-5 試料の希釈と平板法による菌数の計数

注：段階的に希釈した試料をシャーレに分注する。ここにオートクレーブ滅菌後45℃程度にまで冷却した寒天培地を添加して平板培養を行ない，生成コロニー数をカウントする。なお，使用培地及び培養温度などの条件は，対象とする菌によって適正な選択をする必要がある。

*7 **資化**：微生物がその生育や増殖のために栄養源を利用すること。

デソキシコレート培地について

　本培地は，大腸菌群のコロニー検出をするための選択培地であり，大腸菌群のコロニーは紅色に着色されるため，その識別は肉眼で可能である（通常，オートクレーズ処理せずに使用する。高温処理すると中性紅の発色が不鮮明になるため）。着色は大腸菌群のコロニー周囲における以下の反応によるものである。すなわち，大腸菌群は培地中の乳糖を資化[*7]し，乳酸を生成する。生成された乳酸の作用を受け，培地中のデソキシコール酸・Naがデソキシコール酸へと変化し，これにより中性紅の発色が鮮明になる。

　乳糖（$C_{12}H_{22}O_{11}$）　→　乳酸（$C_3H_6O_3$）

　デソキシコール酸・Na　→　デソキシコール酸

対象物の違いによる注意事項

　布巾，まな板，あるいは雑巾を対象とし，その洗浄水を試料として用いる場合には，得られた洗浄水の総量をあらかじめ計量しておく必要がある。これにより，対象物全体に付着していた総菌数を次式によって算出可能である。

　（全体の菌数（個））＝（洗浄水中の菌濃度（個／mL））×（洗浄水量（mL））

8章 酵母のアルコール発酵試験

　酵母のアルコール発酵は，古くから酒やパンの製造などに利用されてきている。また，近年は化石燃料に代わる再生可能なエネルギー源として，バイオマスから生産されるエタノールが注目されている。
　本章では，酵母のアルコール発酵が無酸素状態でのエネルギー代謝であることを理解し，酵母の種類によってアルコール発酵能が異なることを実験で学ぶ。

1. 酵母のアルコール発酵

　微生物が有機化合物を利用するエネルギー代謝には，分子状酸素を必要とする呼吸(respiration)とそれを必要としない発酵(fermentation)がある。多くの微生物は，酸素が存在しない環境でも発酵により有機化合物を分解して化学エネルギーを獲得することができる。しかし，発酵では基質の酸化が不完全で多くのエネルギーが最終産物のかたちで保存されるため，生成されるエネルギー量は少ない。それに対して呼吸では基質が二酸化炭素と水にまで完全酸化され，発酵に比べて非常に大きなエネルギーが生成される。

　酵母は発酵と呼吸の両代謝能をもつ通性嫌気性微生物(facultative anaerobe)であり，無酸素状態ではアルコール発酵(alcohol fermentation)によりエネルギーを獲得し，酸素が供給されるとエネルギーの獲得効率が高い呼吸が促進されるようになる。この現象はパスツールにより発見されたことからパスツール効果(Pasteur effect)といわれる。

　アルコール発酵は解糖系(glycolytic pathway)と同じエムデン-マイヤーホフ-

〔アルコール発酵〕

$$C_6H_{12}O_6 + 2ADP + 2H_3PO_4 \rightarrow 2C_2H_5OH + 2CO_2 + 2ATP$$
グルコース　　　　　　リン酸　　エタノール

〔呼　吸〕

$$C_6H_{12}O_6 + 6O_2 + 38ADP + 38H_3PO_4 \rightarrow 6H_2O + 6CO_2 + 38ATP$$
グルコース　　　　　　　　　　リン酸

8章　酵母のアルコール発酵試験

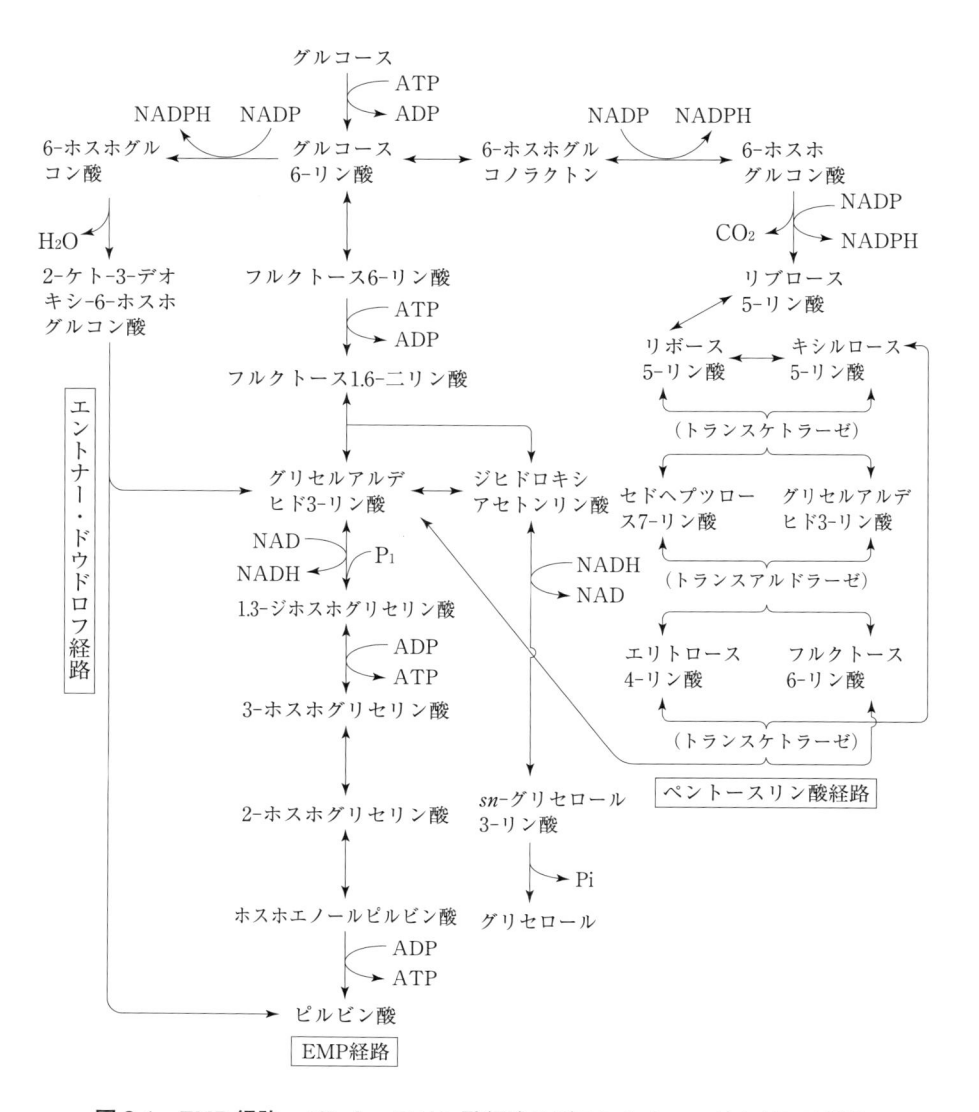

図8-1　EMP経路，ペントースリン酸経路及びエントナー・ドウドロフ経路

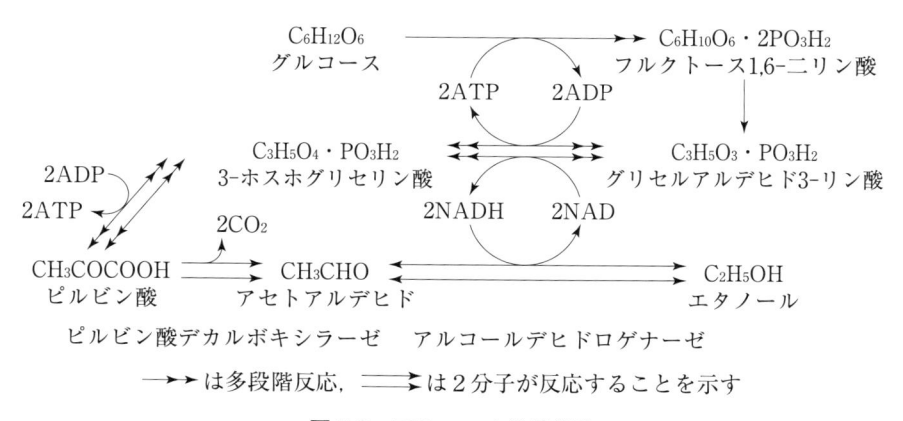

図8-2　アルコール発酵経路

→は多段階反応，⇒は2分子が反応することを示す

パルナス経路(Embden-Meyerhof-Parnas pathway：EMP 経路)によるエネルギー代謝である(図8-1)。糖をエタノールと二酸化炭素に分解する際に遊離する自由エネルギーをアデノシン三リン酸(adenosine triphosphate：ATP)のかたちで捕捉し，グルコース1分子からは2分子の ATP が生成される。解糖系では生成するピルビン酸が乳酸デヒドロゲナーゼにより乳酸に還元されるが，アルコール発酵ではピルビン酸がピルビン酸デカルボキシラーゼにより脱炭酸されてアセトアルデヒドと二酸化炭素になり，さらにアセトアルデヒドがアルコールデヒドロゲナーゼにより還元されてエタノールになる(図8-2)。

アルコール発酵によるグルコースの分解では，まずグルコースが ATP を消費してリン酸化され，リン酸化されたグルコース6-リン酸はフルクトース6-リン酸を経てフルクトース1,6-二リン酸になる。フルクトース1,6-二リン酸はフルクトースビスリン酸アルドラーゼによって2つのトリオースリン酸，すなわちグリセルアルデヒド3-リン酸とジヒドロキシアセトンリン酸に開裂される。この段階では2分子の ATP が消費されているが，酸化反応によるエネルギー生成は行なわれていない。

次にグリセルアルデヒド3-リン酸が酸化され，高エネルギーリン酸結合をもつ1,3-ジホスホグリセリン酸に変換される。その際，補酵素のニコチンアミドアデニンジヌクレオチド(nicotinamide adenine dinucleotide：NAD)が2個の水素原子を受け取って還元型 NAD(NADH)となり，同時に無機リン酸が取り込まれて高エネルギーリン酸結合を生じる。その高エネルギーリン酸基はホスホグリセリン酸キナーゼにより ADP に転移されて ATP を生じる。脱リン酸された3-ホス

Topics　パンを膨らませる酵母

パンは，小麦粉に水を加えてこね混ぜた生地を膨化させ，それを焼きあげたものであり，通常，生地の膨化には酵母が用いられる。酵母は生地中でアルコール発酵を行なって炭酸ガスを生成し，その炭酸ガスが粘弾性をもつグルテンの網目構造中に充満して生地を膨化させる。パンの製造には古くから酵母が用いられているが，酵母は炭酸ガスを生成して生地を膨化させるだけでなく，アルコール発酵の際に生成するアルコール，アルデヒド，有機酸などがパンによい風味を与える。したがって，パン酵母に要求されるのは，パンを膨化させる発酵力と風味の形成である。

近年，パンの製造では，焼きたての新鮮なパンの供給や製パン作業の軽減化を図るために，冷凍生地製パン法が普及している。冷凍生地製パン法は，発酵・成形したパン生地を一時冷凍し，必要に応じて解凍・焼成する方法であり，酵母は冷凍しても発酵力を失わない冷凍耐性酵母が用いられる。酵母の冷凍耐性には細胞内トレハロース(細胞のストレス防御物質)が関与するといわれており，冷凍耐性を有する株は細胞内トレハロースの蓄積量が多い。現在，冷凍生地製パン法には，冷凍耐性を有する *Saccharomyces cerevisiae* や *Torulaspora delbrueckii* が用いられている。

ホグリセリン酸は2-ホスホグリセリン酸になり，エノラーゼにより脱水されて高エネルギーリン酸結合をもつホスホエノールピルビン酸になる。さらにホスホエノールピルビン酸の高エネルギーリン酸基はピルビン酸キナーゼによりADPに転移されてATPを生じる。このように，アルコール発酵では2分子のATPが消費されて4分子のATPが生成されるため，グルコース1分子からは正味2分子のATPが生成される。それと同時に2分子のNADが再生産される。

酵母が行なうアルコール発酵の意義は無酸素状態でATPを生成することであるが，細胞内に存在するNADの量は限られているため，グリセルアルデヒド3-リン酸の酸化で生じるNADHを酸化してNADを再生産しなければ反応は進まなくなり，ATPを連続して生成することができなくなる。そのため，アルコール発酵ではNADHのHをアセトアルデヒドが受け取り，エタノールのかたちで除去することでNADを再生産している。

電子(水素)受容体であるアセトアルデヒドが生成されていない発酵の初期では，グリセルアルデヒド3-リン酸の脱水素で生成したNADHは中間体のジヒドロキシアセトンリン酸を還元してsn-グリセロール3-リン酸を生成し，そのsn-グリセロール3-リン酸はホスファターゼにより加水分解されてグリセロールとなる。通常，アルコール発酵で生成されるグリセロールの量は消費糖に対して3％程度であるが，アセトアルデヒドを捕捉する亜硫酸塩を添加して発酵させると多量のグリセロールが蓄積される(図8-1)。

2. 【実験】アルコール発酵試験

1 目 的

ワイン原料のブドウ果には，*Kloeckera*属，*Candida*属，*Pichia*属，*Rhodotorula*属，*Saccharomyces*属，*Saccharomycodes*属，*Schizosaccharomyces*属などの野生酵母が生息している。しかし，これら野生酵母の多くはアルコール発酵能が低いため，ワイン醸造ではワイン酵母の*Saccharomyces cerevisiae*が添加される。そこで，ワイン酵母とブドウ果から分離した野生酵母についてアルコール発酵試験を行ない，両者のアルコール発酵能を比較する。

2 供試菌

(1) **ワイン酵母** *Saccharomyces cerevisiae* OC-2

　S. cerevisiae OC-2は日本で分離された酵母であり，20〜30℃でよく発酵し，SO_2耐性が強く，赤ワインの醸造に適している。

(2) **ブドウ果から分離した野生酵母**[*1]

*1 ブドウ果から野生酵母を分離する方法は，2章(p.43〜)を参照する。

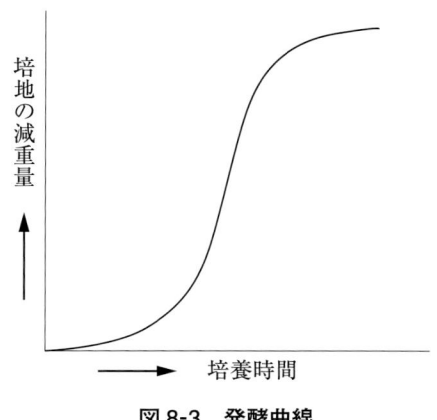

図 8-3　発酵曲線
（縦軸：培地の減重量、横軸：培養時間）

3　培　地

20％グルコース YM 培地（pH 5.5～6.0）を用いる。

酵母エキス……3 g	グルコース……200 g
麦芽エキス……3 g	水………………1,000 mL
ペプトン………5 g	

4　測定項目

① 培地の減重量（CO_2 生成量）　　④ 全糖量に対する発酵率
② 糖消費率　　　　　　　　　　　　⑤ 消費糖量に対する発酵率
③ アルコール生成量

5　実験操作

① 培地 150 mL に供試菌を 1 白金耳接種し，30℃で 7 日間培養する。

② 培養前の培地に含まれる糖量（g）をソモギー・ネルソン法（次頁～）[*2]でグルコースとして測定する。

③ 培養中は，毎日，培養開始時刻と同じ時刻に培地を振とうして炭酸ガスを放出させてから重量（g）を測定し，培地の減重量（g）を求めて発酵曲線（図 8-3）を作成する。

④ 培養後，培地中の糖量（g）をソモギー・ネルソン法でグルコースとして測定し，次式により糖消費率（％）を求める。なお，培養中に培地容量が減少するため，培養後に培地容量（mL）を測定し，消費糖量を算出する際は培地の容量変化を考慮する。

[*2] 糖の定量法には，糖の還元性を利用して定量する比色法や，酵素反応を利用して特定の糖を定量する酵素法があり，比色法にはフェノール硫酸法，オルシノール法，ソモギー・ネルソン法などがある。

$$糖消費率(\%) = \frac{(培養前の糖量(g) - 培養後の糖量(g))}{培養前の糖量(g)} \times 100$$

⑤ 培養後，培地のアルコール濃度(%(V/V))を浮ひょう法(次頁)で測定し，次式によりアルコール生成量(g)を求める。

$$アルコール生成量(g) = 培養後のアルコール濃度(\%(V/V)) \times 0.794^{*3} \times \frac{培養後の培地容量(mL)}{100}$$

*3　0.794はエタノールの比重(15℃)

⑥ アルコール生成量(g)と消費糖量(g)から，次式により全糖量に対する発酵率(%)と消費糖量に対する発酵率(%)を求める。

$$全糖量に対する発酵率(\%) = \frac{アルコール生成量(g)}{培養前の糖量(g) \times \dfrac{92.14}{180.16}} \times 100$$

$$消費糖量に対する発酵率(\%) = \frac{アルコール生成量(g)}{消費糖量(g)^{*4} \times \dfrac{92.14}{180.16}} \times 100$$

*4　消費糖量(g)
= 培養前の糖量(g)
− 培養後の糖量(g)

〔ソモギー・ネルソン法による糖の定量〕

(1) 試　薬

　a．銅試薬

① 酒石酸ナトリウムカリウム四水和物 $C_4H_4KNaO_6 \cdot 4H_2O$ 12 g と無水炭酸ナトリウム 24 g を約 250 mL の水に溶かす。それをかき混ぜながら 10 %硫酸銅溶液 40 mL を加え，炭酸水素ナトリウム 16 g を加えて溶解する。

② 別に，約 500 mL の熱水に無水硫酸ナトリウム 180 g を溶解し，さらに加熱沸騰させて溶存している空気を十分に追い出して放冷する。

③ 硫酸ナトリウム溶液を放冷後，両液を混和し，水を加えて 1 L とする。

④ 2〜3日放置後，析出する少量の沈殿をろ過して褐色ビンに入れ，硫酸ナトリウムの結晶が析出しないように 30℃ の恒温器中で保存する。

　b．ネルソン試薬

① 七モリブデン酸六アンモニウム四水和物 $(NH_4)_6Mo_7O_{24} \cdot 4H_2O$ 25 g を 450 mL の水に溶かし，これに濃硫酸 21 mL を徐々に加えてよく混和する。

② 別に，ひ酸水素二ナトリウム七水和物 $Na_2HAsO_4 \cdot 7H_2O$ 3.0 g を 25 mL の水に溶かし，これをモリブデン酸アンモニウム溶液に加えて両液を十分に混和する。

③ 37℃に24～48時間放置後，褐色ビンに入れて保存する*5。

*5 37℃に24～48時間放置すると黄色を呈する。

(2) 測定操作

① 試験管に培地の希釈液1 mL をとる*6。

② 次に銅試薬1 mL を加える。

③ 試験管の口をアルミホイルでおおい，沸騰水浴中で正確に10分間加熱する。

④ 加熱後直ちに流水中で3分間冷却する。

⑤ 冷却後ネルソン試薬2 mL を加え，静かにかき混ぜて生成している酸化第一銅を完全に溶解する*7。

⑥ さらに水6 mL を加えてよく混和し，500 nm の吸光度を測定する*8。

⑦ 標準物質にグルコースを用いて作成した検量線から培地の糖濃度を算出する。

*6 検液の代わりに水1 mL を加えたものをブランクとし，検液の吸光度からブランクの吸光度を差し引く。

*7 糖濃度に応じて草色から深青色を呈する。

*8 発色後約5時間は安定である。

〔浮ひょう法によるアルコールの定量〕

測定操作

① 培地(15℃)をメスフラスコで100 mL 量り取り*9，300 mL の丸底フラスコに入れる。

② 培地を量り取ったメスフラスコ内を15 mL の水で2回洗い，その洗液を丸底フラスコに加える。

③ 丸底フラスコに冷却器を連結し，培地を量り取るのに使ったメスフラスコ

*9 メスフラスコのかわりにメスシリンダーで培地を量り取ってもよい。ただし，その場合は培地を量り取るのに使ったメスシリンダーを受器にして蒸留する。

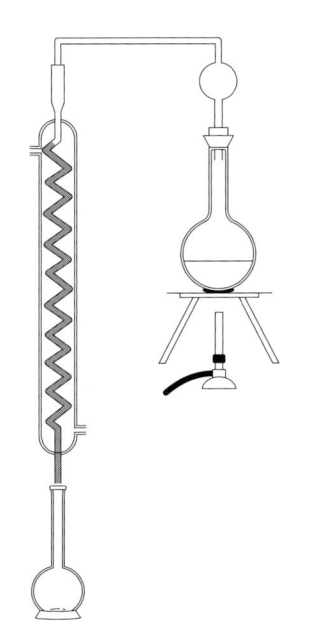

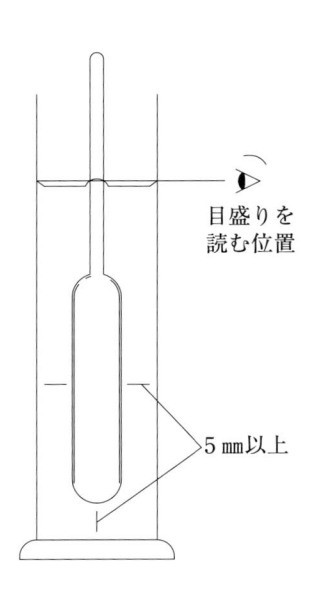

図8-4 アルコール定量用の蒸留装置　　図8-5 酒精度浮ひょうの目盛りの読み方

を受器にして蒸留する(図8-4)*10。

④ 留液が約70 mLに達したら蒸留を止める。

⑤ 留液に水を加えて100 mL(15℃)とする。

⑥ よく混合してから100 mLのメスシリンダーに移し，15℃において酒精度浮ひょうを用いてその示度を読み，アルコール濃度(%(V/V))を測定する(図8-5)*11。

*10 蒸留は20分前後で終了するように火力を調節する。

*11 メスシリンダーに浮ひょうを浮かべたとき，浮ひょうからメスシリンダーの内壁及び底部までの間が5 mm以上になる浮ひょうを用いて測定する。浮ひょうの目盛りはアルコール濃度(%(V/V))を示し，メニスカスの上縁で目盛りを読み取る(図8-5)。

> **Topics 細菌がつくる酒**
>
> 酵母はアルコール発酵により糖類から多量のエタノールを生成するため，古くから酵母を利用して様々な酒の製造が行なわれている。しかし，メキシコの酒プルケ(pulque)の製造では，酵母ではなく細菌の *Pseudomonas lindneri* によってエタノールが生成される。*P. lindneri* はエントナー・ドウドロフ(Entner-Doudoroff)経路(図8-1)によってエネルギー代謝を行なうが，その代謝の特徴は，グルコース6-リン酸が6-ホスホグルコン酸に脱水素されることと，6-ホスホグルコン酸から生じた2-ケト-3-デオキシ-6-ホスホグルコン酸がグリセルアルデヒド3-リン酸とピルビン酸に開裂することである。開裂により生じたグリセルアルデヒド3-リン酸とピルビン酸はアルコール発酵と同様に代謝され，エタノールと CO_2 を生じる。しかし，グルコース1分子からグリセルアルデヒド3-リン酸が1分子しか生成されないため，ATPは最終的に1分子しか得られない。
>
> プルケは，リュウゼツランの一種であるマゲイ(maguey)の搾汁を1～2週間発酵させた酒で，白濁していてアルコール分は3～5%である。これを蒸留した酒がメスカル(mezcal)で，アルコール分は約50%になる。メスカルの中でも法定産地で製造される高品質のものはテキーラ(tequila)と呼ばれる。

9章 乳酸菌の乳酸発酵試験

　乳酸菌は乳酸発酵によりエネルギーを獲得し，その代謝産物として乳酸を生成する。乳酸菌による乳酸の生成は食品工業の分野で広く利用されており，清酒，醤油，味噌，漬物，ヨーグルト，チーズなどの製造において重要な役割を果たしている。
　本章では，乳酸菌の乳酸発酵が嫌気的なエネルギー代謝であることを理解し，乳酸発酵にはホモ乳酸発酵とヘテロ乳酸発酵の2つの形式があることを実験で学ぶ。

1. 乳酸菌の乳酸発酵

　乳酸菌は乳酸発酵(lactic acid fermentation)によりエネルギーを獲得して生育する。その乳酸発酵は2つの形式に分けられ，最終産物が乳酸のみである場合をホモ乳酸発酵(homo lactic acid fermentation)，乳酸以外の副産物が生成する場合をヘテロ乳酸発酵(hetero lactic acid fermentation)という。

〔ホモ乳酸発酵〕

$C_6H_{12}O_6$ + 2ADP + 2H_3PO_4 → 2$CH_3CH(OH)COOH$ + 2ATP
　グルコース　　　　リン酸　　　　乳　酸

〔ヘテロ乳酸発酵〕

$C_6H_{12}O_6$ + ADP + H_3PO_4 → $CH_3CH(OH)COOH$ + C_2H_5OH + CO_2 + ATP
　グルコース　　　リン酸　　　乳　酸　　　エタノール

1 ホモ乳酸発酵

　ホモ乳酸発酵は，酵母によるアルコール発酵と同様にEMP経路によるエネルギー代謝であり，グルコース1分子から乳酸2分子が生成されるとともに2分子のATPが得られる(図9-1)。乳酸菌はピルビン酸デカルボキシラーゼを欠いているため，アルコール発酵のようにピルビン酸からアセトアルデヒドを生成せず，乳酸デヒドロゲナーゼでピルビン酸を還元して乳酸を生成する。このようにホモ乳酸発酵ではピルビン酸が電子(水素)受容体となり，NADHのHは乳酸のかたちで除去される。

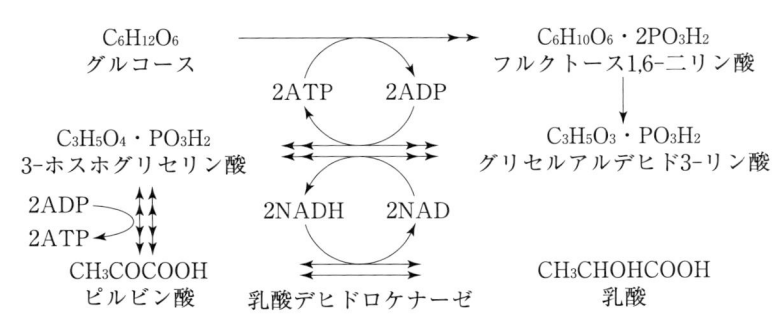

```
         C₆H₁₂O₆  ─────────→        C₆H₁₀O₆・2PO₃H₂
         グルコース                   フルクトース1,6-二リン酸
                  2ATP  2ADP              ↓
 C₃H₅O₄・PO₃H₂   ⇌⇌⇌⇌⇌⇌        C₃H₅O₃・PO₃H₂
 3-ホスホグリセリン酸                グリセルアルデヒド3-リン酸
     2ADP ↘
     2ATP ↙
     CH₃COCOOH   2NADH  2NAD     CH₃CHOHCOOH
     ピルビン酸    乳酸デヒドロゲナーゼ   乳酸
```

──→ は多段階反応, ══ は2分子が反応することを示す

図9-1 ホモ乳酸発酵経路

　筋肉における解糖では生成される乳酸は常に L-乳酸であるが，乳酸菌による乳酸発酵では L-乳酸だけでなく，D-や DL-乳酸も生成される。解糖では L-乳酸デヒドロゲナーゼが作用して L-乳酸だけが生成されるのに対し，乳酸発酵では D-乳酸デヒドロゲナーゼも作用して D-乳酸が生成され，さらにラセミアーゼによって L-または D-乳酸から DL-乳酸にラセミ化される。乳酸菌が生成する乳酸の光学活性は菌種によって異なり，*Streptococcus* 属は L-乳酸，*Leuconostoc* 属は D-乳酸，*Lactobacillus* 属は L-，D-または DL-乳酸を生成する。

2　ヘテロ乳酸発酵

　ヘテロ乳酸発酵は，乳酸以外に，エタノール，酢酸，二酸化炭素などの副産物を生成するエネルギー代謝である。発酵形式は多様で菌種によって異なるが，酸素の存在，培地の炭素源や pH などの培養条件によっても変化する。乳酸菌によるヘテロ乳酸発酵は，ペントースリン酸経路(pentose phosphate cycle)及び EMP 経路による発酵形式が多い(図9-2)。

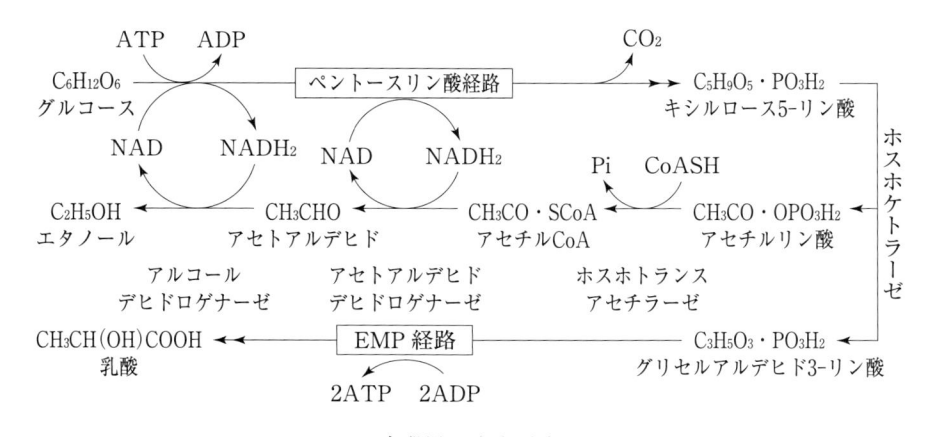

```
              ATP  ADP                        CO₂
 C₆H₁₂O₆ ─── ⤵⤴ ──[ペントースリン酸経路]──⤴──→ C₅H₉O₅・PO₃H₂
 グルコース                                    キシルロース5-リン酸
         NAD  NADH₂    NAD  NADH₂     Pi  CoASH
 C₂H₅OH ← CH₃CHO  ←   CH₃CO・SCoA ←   CH₃CO・OPO₃H₂
 エタノール  アセトアルデヒド      アセチルCoA        アセチルリン酸
 アルコール      アセトアルデヒド    ホスホトランス
 デヒドロゲナーゼ デヒドロゲナーゼ     アセチラーゼ
 CH₃CH(OH)COOH ←[EMP 経路]←         C₃H₅O₃・PO₃H₂
     乳酸          2ATP  2ADP        グリセルアルデヒド3-リン酸
                                                 ↑ホスホケトラーゼ
```

──→ は多段階反応を示す

図9-2 ヘテロ乳酸発酵経路

Leuconostoc 属のようなヘテロ乳酸発酵型の乳酸菌は，EMP 経路においてフルクトース 1,6-二リン酸をグリセルアルデヒド 3-リン酸とジヒドロキシアセトンリン酸に開裂するフルクトースビスリン酸アルドラーゼを欠損している。そのため，ペントースリン酸経路でグルコース 6-リン酸から 6-ホスホグルコン酸が生成され，さらに 6-ホスホグルコン酸デヒドロゲナーゼにより脱炭酸されてリブロース 5-リン酸が生成される。リブロース 5-リン酸はリブロースリン酸 3-エピメラーゼによりキシルロース 5-リン酸になり，キシルロース 5-リン酸はホスホケトラーゼによりアセチルリン酸とグリセルアルデヒド 3-リン酸に開裂される。そのグリセルアルデヒド 3-リン酸は EMP 経路に入り，ピルビン酸，さらに乳酸となる。もう一方のアセチルリン酸は，アセチル CoA，アセトアルデヒドを経てエタノールに還元される。

　また，ほかに還元を受ける物質がある場合には，アセチルリン酸は脱リン酸されて酢酸に変換されるが，これが部分的に起こると，最終的に乳酸，エタノール，酢酸，二酸化炭素が生成される。アセチルリン酸が酢酸に変換された場合は ATP が生成されるが，エタノールに還元された場合は ATP は生成されず，最終的にグルコース 1 分子から 1 分子の ATP しか得られない。

2.　【実験】乳酸発酵試験

1　目　的

　市販されている乳酸菌飲料は乳酸菌を多数含有しており，我が国では「乳及び乳製品の成分規格等に関する省令」(厚生労働省)により，乳などを乳酸菌または酵母で発酵させたものを主原料として製造され，無脂乳固形分を 3.0％以上含有し，乳酸菌または酵母 10^7/mL 以上を含有する乳製品乳酸菌飲料と，無脂乳固形分が 3.0％未満で 10^6/mL 以上の菌数を含有する乳酸菌飲料とがある。

　そこで，市販の乳酸菌飲料から分離した乳酸菌について乳酸発酵試験を行ない，乳酸の収量からその乳酸菌の発酵形式を判定する。

2　供試菌

　市販の乳酸菌飲料から分離した乳酸菌[*1]

3　培　地

　ミルク培地[*2]を用いる。
　脱脂粉乳……100 g
　水……1,000 mL

*1　市販の乳酸菌飲料から乳酸菌を分離する方法は，2 章 (p.45～46)を参照する。

*2　ミルク培地は沸騰水浴中で加温溶解し，115℃ (0.8 kg/cm^2)，20 分の条件でオートクレーブ殺菌する。

4 測定項目

① 糖消費率　② 生成乳酸濃度　③ 乳酸の収率

5 実験操作

① 培地150 mLに供試菌を1白金線接種し，37℃で72時間培養する。

② 培養前の培地に含まれる糖量(g)をソモギー・ネルソン法でラクトースとして測定する[*3]。

③ 培養前の培地に含まれる酸量(g)を中和滴定法で乳酸として測定する[*4]。

④ 培養後，培地中の糖量(g)をソモギー・ネルソン法でラクトースとして測定し，次式により糖消費率(%)を求める[*5]。

$$糖消費率(\%) = \frac{(培養前の糖量(g) - 培養後の糖量(g))}{培養前の糖量(g)} \times 100$$

⑤ 培養後，培地中の酸量(g)を中和滴定法で乳酸として測定し，次式により生成乳酸濃度(%)を求める[*5]。

$$生成乳酸濃度(\%) = \frac{(培養後の酸量(g) - 培養前の酸量(g))}{培養後の培地重量(g)} \times 100$$

⑥ 消費糖量(g)と乳酸生成量(g)から，次式により乳酸の収率(%)を算出する。

$$乳酸の収率(\%) = \frac{乳酸生成量(g)^{*6}}{消費糖量(g)^{*7}} \times 100$$

〔中和滴定法による酸の定量〕

(1) 試薬

a．0.1 N NaOH溶液

b．フェノールフタレイン溶液

　フェノールフタレイン1 gを50%(V/V)エタノールに溶かして100 mLとする。

(2) 測定操作

① 培地10 gに水10 mLを加えて希釈し，フェノールフタレン溶液を3滴加えて0.1 N NaOH溶液で滴定し，微紅色が30秒間消失しない点を終点とする[*8]。

② 次式により培地の酸濃度(%)を乳酸として算出する。

$$酸濃度(\%) = 0.1\ N\ NaOH溶液の滴定値(mL) \times F^{*9} \times 0.009^{*10} \times \frac{100}{10}$$

[*3] ソモギー・ネルソン法による糖の定量は，8章(p.92)を参照する。ただし，培地は重量(g)で採取し，それに水を加えて定容(mL)して希釈液とする。

[*4] 培地は重量(g)で採取する。

[*5] 培養後は培地が凝固しているため，培地をガラス棒で潰して均一な状態にしてから重量(g)で採取する。

[*6] 乳酸生成量(g) = 培養後の酸量(g) − 培養前の酸量(g)

[*7] 消費糖量(g) = 培養前の糖量(g) − 培養後の糖量(g)

[*8] 滴定前の色と比較して終点を確認する。また，滴定は3回行なって平均値を求める。

[*9] Fは0.1 N NaOH溶液の力価。

[*10] 0.009は0.1 N NaOH溶液1 mLに相当する乳酸量(g)。

培地一覧

　一般的に食品関連分野で使用される培地を示した。特に記述のない限り培地のオートクレーブ滅菌は121℃，10～20分で行なう。寒天培地及び液体培地の両方を用いることがある培地については寒天の有無により別の培地として記載することはせず，括弧書きで寒天濃度を記載した。寒天濃度は平板培地や斜面培地として操作のしやすい15.0～20.0 g/Lを基準として記載したが，混釈法などに用いる場合は7.5 g/L程度が好ましい。様々なバリエーションのある培地については最も主要と思われる成分での記載をした。微量しか添加しないミネラル，抗菌物質，その他の成分は，実際には溶液として事前に作製しておきピペットで適量添加するが，ここではその手順についての記載は省略し，培地中に含まれる終濃度として記載した。

　ペプトン類は原料及び加水分解方法により様々なものがあり，種類により菌の生育に違いが見られるものもある。ここではカゼインのトリプシン消化物(膵臓酵素消化物)を「トリプトン」，大豆タンパクの消化物を「ソイトン」とし，それ以外の特に指定のないものを「ペプトン」と表記した。

　また現在では多くの場合，優れた市販品の培地が出回っているものが多く，それらを用いればより簡便に培地を調整できる。

1．一般的な培地（非選択培地など）

1　細菌用培地

(1) ブイヨン培地[1]
（肉エキスブイヨン，Nutrient broth，普通寒天）
　一般細菌用。非常によく使われるが，様々なバリエーションがあり，それぞれの成分の濃度やpHは微妙に異なるものもある。

肉エキス	5～10.0 g
ペプトン	10.0 g
塩化ナトリウム	5.0 g
（寒天）	20.0 g
蒸留水	1,000 mL

　注：pH 6.8～7.2に調整

(2) LB培地（ルリア培地，ルリアベルターニ培地）
　一般細菌用で様々な細菌の生育に適する。特に分子生物学分野で大腸菌の培養に多用される。

トリプトン	10.0 g
酵母エキス	5.0 g
塩化ナトリウム	10.0 g
（寒天）	15.0 g
蒸留水	1,000 mL

　注：pH無調整

(3) ブドウ糖ペプトン培地[2,3]
　一般細菌用

グルコース	5.0 g
ペプトン	10.0 g
（寒天）	20.0 g
蒸留水	1,000 mL

　注：pH 6.8に調整

(4) GYP培地（酵母エキスペプトン培地）[1]
　一般細菌用。酵母，糸状菌にも利用可能。細菌を培養するときは中性，酵母や糸状菌では弱酸性にする。

グルコース	10.0 g
酵母エキス	5.0～10.0 g
ペプトン	5.0～10.0 g
（寒天）	20.0 g
蒸留水	1,000 mL

　注：pH 5.0～7.2に調整

(5) GYP改変培地（GYP白亜寒天）[4]
　乳酸菌の検出，発酵試験によく利用する。
　炭酸カルシウムは別個に乾熱滅菌(180℃ 2時間)しておく。それ以外の成分はオートクレーブ滅菌し，寒天が凝固する前に無菌的に炭酸カルシウムを加え調整する。

培地一覧

グルコース	10.0 g
酵母エキス	10.0 g
ペプトン	5.0 g
酢酸ナトリウム	1.0 g
硫酸マグネシウム・7水和物	0.2 g
硫酸マンガン・4水和物	10 mg
硫酸第一鉄	10 mg
塩化ナトリウム	10 mg
Tween 80	0.5 g
(寒天)	20.0 g
蒸留水	1,000 mL
炭酸カルシウム	10 g

注：炭酸カルシウム添加前に pH 6.8 に調整

(6) MRS 培地[5]

乳酸菌用。生育の遅い乳酸菌も良好に生育する。
乳酸菌の保存培地として使う場合などは，炭酸カルシウムをさらに適量添加する。

グルコース	20.0 g
ペプトン	10.0 g
肉エキス	10.0 g
酵母エキス	5.0 g
Tween 80	1.0 g
リン酸水素二カリウム	2.0 g
酢酸ナトリウム	5.0 g
クエン酸水素二アンモニウム	2.0 g
硫酸マグネシウム・7水和物	0.2 g
硫酸マンガン・n水和物	0.05 g
(寒天)	20.0 g
蒸留水	1,000 mL

注：pH 6.2 に調整

(7) スキムミルク培地[1]

乳酸菌の発酵試験や発酵乳のスターターに利用。発酵試験の場合，1％リトマス液を培地に適量加えてリトマスミルク培地にする場合もある。
オートクレーブ滅菌は110℃10分程度。熱をかけ過ぎると凝固や褐変するので注意する。

脱脂粉乳	100 g
蒸留水	1,000 mL

(8) WYP（ホエー酵母エキスペプトン）培地[1]

乳酸菌用。生育に乳成分を要求しGYP培地等で生育しない菌の生育に適する。
10％スキムミルク液を40～50℃に加温して希塩酸を滴下し，カゼインを凝集させる。これをろ過，中和し，110℃で10分間殺菌し生じる沈殿をさらにろ過。これをホエーとして利用する。

ホエー（乳清）	500 mL
酵母エキス	5.0 g
ペプトン	5.0 g
(寒天)	20.0 g
蒸留水	500 mL

注：pH6.0～6.8に調整

(9) 肝臓片加肝臓ブイヨン（肝々ブイヨン）培地[1,3]

嫌気性細菌用。*Clostridium* 属菌等に利用。肉片が沈殿した状態の液体培地として用いる。
肉エキスとペプトンを蒸留水に溶かしpH 7.0～7.2に調整する。細かく砕いた新鮮なウシ肝臓300 gを加え，1時間煮沸し布でろ過する。液量が減った場合は水を加えて1 Lに戻し，グルコースを添加して，pHを目的に応じて7.0～8.4に調整。これを10 mLずつ試験管に分注し，1 cm大の賽の目に切ったウシ肝臓を3～4個加え，オートクレーブ滅菌する。肝臓の還元力により嫌気的になる。

グルコース	5.0 g
ペプトン	10.0 g
肉エキス	5.0 g
ウシ肝臓	300 g（適量）
蒸留水	1,000 mL

(10) クックドミート培地[3,6]

嫌気性細菌用。*Clostridium* 属菌等に利用。肉片が沈殿した状態の液体培地として用いる。保存培地としても優れる。ウシの心臓を自分達で入手して作製することは困難なため，市販品の使用を推奨。

グルコース	2.0 g
ウシ心臓（心筋）	454.0 g
ペプトン	20.0 g
塩化ナトリウム	5.0 g
蒸留水	1,000 mL

注：調整法は肝々ブイヨンとほぼ同様

(11) チオグリコレイト（TGC）培地[2,3]

好気性菌，嫌気性菌のどちらも培養可能で，無菌試験に用いられる。緩衝能が高く，検体のpHの影響が少ない。
レサズリンは0.1％溶液として用時調整し，1 mL添加する。15℃～30℃で遮光保存する。上部30％が桃色に変色したものは使用しない。

グルコース	5.5 g
トリプトン	15.0 g
酵母エキス	5.0 g
塩化ナトリウム	2.5 g
チオグリコール酸ナトリウム	0.5 g
L-シスチン	0.5 g
レザズリン	1.0 mg
寒天	0.75 g
蒸留水	1,000 mL

注:pH 7.1に調整

(12) 血液寒天培地[3,7]

医学・薬学分野でよく用いられる。栄養要求性の高い菌も生育でき,病原菌・非病原菌ともによく増殖する。連鎖球菌,ブドウ球菌の溶血反応の判定にも利用。様々なバリエーションがあり,市販品も豊富。

血液以外の成分を混合してオートクレーブ滅菌し,50℃に冷ましてから脱繊維血液を添加する。

脱繊維血液(馬あるいは羊)	70.0 mL
ペプトン	10.0 g
ラブ-レムコ末(あるいは肉エキス)	10.0 g
塩化ナトリウム	5.0 g
寒天	15.0 g
蒸留水	930 mL

注:pH 7.3に調整

(13) 清酒培地[1]

酢酸菌,乳酸菌,産膜酵母等を清酒から分離するのに用いる。清酒をそのまま,または10〜50%加水して密栓しオートクレーブ滅菌を行なう。火落菌用には別に殺菌した豚肝臓を加える。

グルコース	10.0 g
(寒天)	20.0 g
清酒	500〜1,000 mL
蒸留水	0〜500 mL

注:pH 無調整

(14) ビール培地[1]

酢酸菌,乳酸菌,産膜酵母等をビールから分離するのに用いる。ビールを脱気し,密栓せずにオートクレーブ滅菌を行なう。その後飛んでしまったアルコールを無菌的に補充する。

(寒天)	20.0 g
ビール	1,000 mL

注:pH 無調整

2 酵母・糸状菌用培地

(1) ポテトデキストロース培地(PDA, PDB)[1]

糸状菌,酵母に広く使われる。特に糸状菌では最も多く利用される。グルコースの代わりにスクロースを用いるPSA,PSBもよく利用される。多くの場合市販品の粉末を利用。

皮をむき,約1cm角に切ったジャガイモ200gを沸騰させた蒸留水1,000 mLで20分煮る。これを帆布または三重にしたガーゼ等でろ過し,ろ液を1,000 mLになるようにメスアップし,グルコースを加えpHを調整する。必要な場合は寒天を加え,オートクレーブ滅菌し使用する。

ジャガイモ(男爵が望ましい)	200.0 g
グルコース	20.0 g
(寒天)	20.0 g
蒸留水	1,000 mL

注:pH5.6に調整(無調整の場合も多い)

(2) ポテトキャロットアガー(PCA)培地[5]

子嚢菌や不完全菌で利用するやや貧栄養な培地。

皮をむき,約1cm角に切ったジャガイモとニンジンを沸騰させた蒸留水1,000 mLで20分煮る。これを帆布または三重にしたガーゼ等でろ過し,ろ液を1,000 mLになるようにメスアップし,pHを調整する。必要な場合は寒天を加え,オートクレーブ滅菌し使用する。

ジャガイモ(男爵が望ましい)	20.0 g
ニンジン	20.0 g
(寒天)	20.0 g
蒸留水	1,000 mL

注:pH 6.0に調整

(3) YM培地[5]

酵母で最もよく利用する。糸状菌でも利用可能。

グルコース	10.0 g
ペプトン	5.0 g
酵母エキス	3.0 g
麦芽エキス	3.0 g
(寒天)	20.0 g
蒸留水	1,000 mL

注:pH 無調整

(4) YPD培地[5]

糸状菌酵母に広く使われる。かなり富栄養な培地。

グルコース	20.0 g
ペプトン	20.0 g
酵母エキス	10.0 g
(寒天)	20.0 g
蒸留水	1,000 mL

注:pH 無調整

培地一覧

(5) オートミールアガー培地[5]

糸状菌と放線菌で使用。

蒸留水1,000 mLにオートミールを入れ80℃で（沸騰させる場合もある）1時間撹拌し、帆布または3重にしたガーゼなどでろ過。ろ液を1,000 mLにメスアップしオートクレーブ滅菌して使用する。

オートミール	50.0 g
寒天	20.0 g
蒸留水	1,000 mL

注：pH 無調整

(6) コーンミール培地[1]

酵母、糸状菌及び一部の細菌で使用。貧栄養で、酵母の厚膜胞子形成や保存培地として優れる。

蒸留水1,000 mLにコーンミール（トウモロコシを破砕したもの）を入れ沸騰湯煎中あるいは80℃で1時間撹拌し、帆布またはろ紙などでろ過。ろ液を1,000 mLにメスアップしオートクレーブ滅菌して使用する。トウモロコシ量も目的により20～50 gの範囲で変動する。

コーンミール	30.0 g
（寒天）	20.0 g
蒸留水	1,000 mL

注：pH 無調整

(7) マツタケ培地[5]

担子菌でよく利用される。

不溶性の白色沈殿が出るので分注の際よく撹拌すること。

エビオス錠（EBIOS）＊	5.0 g
グルコース	20.0 g
（寒天）	20.0 g
蒸留水	1,000 mL

注：pH 無調整
＊製造：アサヒビール、販売：田辺製薬

(8) 麦芽エキス(ME)培地[5]

糸状菌全般でよく利用。

グルコース	20.0 g
麦芽エキス	20.0 g
ペプトン	1.0 g
（寒天）	20.0 g
蒸留水	1,000 mL

注：pH 6.0

(9) サブロー（Subouraud）培地[6]

真菌の分離、培養及び鑑別によく用いる。

グルコース（あるいはマルトース）	40.0 g
ペプトン	10.0 g
（寒天）	15.0 g
蒸留水	1,000 mL

注：pH 5.6に調整

(10) Seawater starch（SWS）培地[5]

海生真菌に利用される。

可溶性デンプン	10.0 g
ソイトン	1.0 g
（寒天）	15.0 g
海水（塩濃度2％）＊	1,000 mL

注：pH 8.2に調整
＊人工か天然の海水を蒸留水で希釈して作製

(11) 麹汁培地[1,2]

醸造用酵母の分離などによく用いられる。

米麹1 kgに水4 Lを加え、時々撹拌しながら55～62℃で8～10時間保ち糖化する。糖化完了をヨード反応で確認し、煮沸してろ過する。ろ液の糖度を糖度計で測定し、10～14度に調整する。用途によりここで卵白を麹汁1 Lにつき1個分加える（凝固しないように冷ましてから添加）。さらに目的に応じてpHを調整しその後110℃10分オートクレーブ滅菌し使用。

米麹（新鮮なもの）	1.0 kg
（卵白）	適量
（寒天）	適量
水道水	4.0 L

(12) 醤油培地[1]

醤油酵母や醤油汚染糸状菌の分離などに用いる。

醤油を水道水で2～3倍に希釈し、グルコースを加えオートクレーブ滅菌する。

グルコース	50.0 g
（寒天）	20.0 g
醤油	300～500 mL
水道水	500～700 mL

3 放線菌

(1) Yeast extract - Malt extract 培地（ISP medium no. 2）[5]

放線菌で最もよく使われる保存培地。

グルコース	4.0 g
麦芽エキス	10.0 g
酵母エキス	4.0 g
（寒天）	20.0 g
蒸留水	1,000 mL

注：pH 7.3に調整

(2) Bennett's Agar 培地[5]

代表的な放線菌用の保存培地。グルコースに変わりマルトースを用いる場合もある。

グルコース	10.0 g
肉エキス	1.0 g
酵母エキス	1.0 g
NZ Amine, Type A	2.0 g
(寒天)	20.0 g
蒸留水	1,000 mL

注：pH 7.3 に調整

(3) 蔗糖硝酸塩培地[6]

放線菌用の合成培地。

スクロース	30.0 g
硝酸ナトリウム	2.0 g
リン酸水素二カリウム	1.0 g
硫酸マグネシウム・7水和物	0.5 g
塩化カリウム	0.5 g
硫酸第一鉄	0.01 g
(寒天)	20.0 g
蒸留水	1,000 mL

注：pH 7.2 に調整

(4) ブドウ糖アスパラギン培地[1]

放線菌用の合成培地。

グルコース	10.0 g
アスパラギン	0.5 g
リン酸水素二カリウム	0.5 g
(寒天)	20.0 g
蒸留水	1,000 mL

注：pH 6.9 に調整

2．特定の微生物の分離，検出，同定などに用いる培地（選択培地，検出培地，鑑別用培地）

1 細菌用培地

(1) BCP ブドウ糖ペプトン(BCP ブドウ糖トリプトン)培地[1]

生酸菌検出用。ブロモクレゾールパープル(BCP)は pH 5.4(黄) － pH 7.0(紫)の変色域を持つので培地の黄変により酸の生成を検出する。食品の変敗菌(酸敗菌)の検出に使う。

グルコース	5.0 g
トリプトン	10.0 g
ブロモクレゾールパープル(BCP)	0.04 g
(寒天)	20.0 g
蒸留水	1,000 mL

注：pH 7.0 に調整

(2) 亜硫酸塩添加寒天(Sulfite Agar)培地[2]

硫化水素生成嫌気性細菌検出用。主に *Clostridium* 属菌等を検出。

作製してから1週間以内に使用。高層培地として作製。硫化水素が発生すると培地中の鉄と反応して硫化鉄となり黒変する。

ペプトン	10.0 g
亜硫酸ナトリウム	0.5 g
クエン酸第二鉄	0.5 g
寒天	20.0 g
蒸留水	1,000 mL

注：pH 無調整

(3) クロストリジウム用選択培地[2]

主に *Clostridium* 属菌等を検出。

高層培地として作製するか，もしくはガス置換などをして培養する。*Clostridium* 属菌のコロニーは硫化水素の生成により黒変する。

ペプトン	15.0 g
ソイトン	7.5 g
酵母エキス	7.5 g
肉エキス	7.5 g
メタ重亜硫酸ナトリウム	1.0 g
クエン酸鉄アンモニウム	1.0 g
L-システイン塩酸塩	0.75 g
寒天	20.0 g
蒸留水	1,000 mL

注：pH 7.6 に調整

(4) 乳糖ブイヨン培地[1]

大腸菌群の培養，検出，及び乳糖資化性判定用。
大腸菌群の検出では，液体培地として調整し，ダーラム管を用いガス発生を確認する。

ラクトース	5.0 g
ペプトン	10.0 g
肉エキス	3.0 g
ブロモチモールブルー(BTB)	0.024 g
(寒天)	20.0 g
蒸留水	1,000 mL

注：pH 7.2 に調整

(5) ブリリアントグリーン乳糖胆汁(BGLB)培地[1]

大腸菌群の検出用。

液体培地として調整し，逆さにしたダーラム管を入れた試験管に10 mLずつ分注する。それによりガス発生を確認し，陽性であれば大腸菌群と判定。

培地一覧

ラクトース	10.0 g
ペプトン	10.0 g
乾燥胆汁末	20.0 g
ブリリアントグリーン	0.0133 g
蒸留水	1,000 mL

注：pH 7.4に調整

(6) デソキシコレート培地[1]

　大腸菌群の検出，及び計数用。食品の検査や腸内細菌の分離に多用される。

　熱に弱いのでオートクレーブ滅菌不可。寒天が溶けるまで加熱し，そのまま使用。大腸菌群は乳糖から乳酸を生産するため，中性紅が発色しコロニーが赤色になる。ただし，乳酸菌も擬陽性を示す。

ラクトース	10.0 g
ペプトン	10.0 g
塩化ナトリウム	5.0 g
デオキシコール酸ナトリウム	1.0 g
リン酸水素二カリウム	2.0 g
クエン酸鉄アンモニウム	2.0 g
中性紅（ニュートラルレッド）	0.03 g
寒天	15.0 g
蒸留水	1,000 mL

注：pH 7.2に調整

(7) EC培地[1]

　糞便性大腸菌群とその他の大腸菌群の鑑別や，*E.coli*の確認に用いる。

　液体培地として調整し，ダーラム管を用いガス発生を確認する。胆汁酸塩が球菌の発育や芽胞の発育を抑制するが，*E. coli*などの糞便性大腸菌群は抑制されないため，本培地で生育しガス発生を行なう菌は糞便性大腸菌群と考えられる。

ラクトース	5.0 g
ペプトン	20.0 g
胆汁酸塩	1.5 g
リン酸水素二カリウム	4.0 g
リン酸二水素カリウム	1.5 g
塩化ナトリウム	5.0 g
蒸留水	1,000 mL

注：pH 6.9に調整

(8) エオシンメチレンブルー（EMB）培地[1]

　*E. coli*と*Enterobacter aerogenes*の鑑別，及び*Candida allbicans*の迅速確認などに用いる。

　*E. coli*は直径2～3 mmの緑色を帯びた金属光沢のあるコロニーを形成し，中心部は暗紫色を呈する。*Enterobacter aerogenes*は直径4～6 mmの金属光沢のないムコイド状の隆起したコロニーを形成し，中心部は灰褐色を呈する。コロニーは融合する傾向がある。その他の乳糖非発酵性の菌は無色半透明のコロニーとなる。*Candida allbicans*は37℃，CO_2 10%の条件で，培養24～48時間でクモ状あるいは羽毛状のコロニーを形成する。

ラクトース	10.0 g
ペプトン	10.0 g
リン酸水素二カリウム	2.0 g
エオシンY（Eosin Yellow）	0.4 g
メチレンブルー	0.065 g
寒天	18.0 g
蒸留水	1,000 mL

注：pH 6.8に調整

(9) MR-VP培地[1]

　細菌（主に大腸菌群）の同定に必要なMR試験（酸生成）及びVP試験（アセチルメチルカルビノール生成）を行なうための培地。

　被検菌を最低48時間培養後，一部を抜き取りそこに0.4%（w/v）メチルレッド溶液を加え培地表面の呈色を確認する。橙色から赤色変化する場合を陽性，黄色になる場合を陰性と判定。同様に一部を抜き取り，5%（w/v）α-ナフトールアルコール溶液3 mLを加えた後，40%（w/v）KOH溶液を5 mL添加する。30秒間静かに振とうし明るいピンクから赤色に呈色した場合を陽性，無色を陰性とする。

グルコース	5.0 g
ペプトン	7.0 g
リン酸水素二カリウム	5.0 g
蒸留水	1,000 mL

注：pH 7.0に調整

(10) CVT培地[1]

　非発酵性グラム陰性細菌の選択培地。主に乳製品中の低温細菌の菌数測定に利用される。*Pseudomonas*属菌，*Acinetobacter*属菌，*Flavobacterium*属菌，大腸菌群等が検出できる。

　オートクレーブ滅菌不可。寒天を加温溶解させ，そのまま分注し使用する。TTCは光分解を受けるので調製後の保存は不可。グラム陽性菌の生育はCVTにより抑制され，前述のグラム陰性桿菌はTTCを還元するので赤色のコロニーを形成する。

グルコース	1.0 g
ペプトン	5.0 g
酵母エキス	2.5 g
クリスタルバイオレット（CVT）	0.04 g
2,3,4,-塩化トリフェニルテトラゾリウム（TTC）	0.1 g
寒天	15.0 g
蒸留水	1,000 mL

注：pH 7.0に調整

(11) KF連鎖球菌寒天（KF）培地[2]

腸球菌群（*Enterococcus*属菌と一部の*Streptococcus*属菌）の検出，分離，算定用。

オートクレーブ滅菌不可。TTC以外の成分を加え沸騰させて寒天を溶解させ，50℃まで冷ます。そこに1％(w/v)TTC溶液を培地1,000 mLに対して10 mL加えてよくまぜ，分注して使用する。赤〜ピンク色のコロニーを腸球菌群と判定。

マルトース	20.0 g
ラクトース	1.0 g
ペプトン	10.0 g
酵母エキス	10.0 g
グリセロリン酸ナトリウム	10.0 g
塩化ナトリウム	5.0 g
アジ化ナトリウム	0.4 g
ブロモクレゾールパープル（BCP）	0.015 g
寒天	15.0 g
蒸留水	1,000 mL
2,3,4,-塩化トリフェニルテトラゾリウム（TTC）	0.1 g

注：pH 7.2に調整

(12) Azide Citrate（AC）培地[2]

腸球菌（*Enterococcus*属菌）の選択培地。

腸球菌は環境中に排出されてからも長期間生存しているので，大腸菌群よりも信頼性の高い糞便汚染の指標となる。

グルコース	5.0 g
ペプトン	20.0 g
酵母エキス	5.0 g
クエン酸ナトリウム	10.0 g
塩化ナトリウム	5.0 g
リン酸水素二カリウム	4.0 g
リン酸二水素カリウム	1.5 g
アジ化ナトリウム	0.25 g
（寒天）	15.0 g
蒸留水	1,000 mL

注：pH 7.4に調整

(13) TCBS培地[1]

*Vibrio*属細菌の選択培地。食品や糞便などから*Vibrio cholera*やその他病原ビブリオを検出できる。

オートクレーブ滅菌不可。寒天を加温溶解させ，そのまま分注し使用する。雑菌の少ない臨床検体は35℃で，多い環境検体は25℃前後で培養。腸内細菌などの多くの細菌は少なくとも24時間は抑制されるが*Vibrio*属菌は良好に生育してくる。

スクロース	20.0 g
ペプトン	10.0 g
酵母エキス	5.0 g
チオ硫酸ナトリウム	10.0 g
クエン酸ナトリウム	10.0 g
ウシ胆汁酸	8.0 g
塩化ナトリウム	10.0 g
クエン酸第二鉄	1.0 g
ブロモチモールブルー（BTB）	0.04 g
チモールブルー（TB）	0.04 g
寒天	15.0 g
蒸留水	1,000 mL

注：pH 8.6に調整

(14) マンニット食塩（卵黄加マンニット食塩）培地[1]

病原性ブドウ球菌の選択分離用の培地。

食塩濃度が高いため，海水中等の好塩性菌以外ではほぼ*Staphylococcus*属菌（ブドウ球菌）以外生育してこない。このうち病原性ブドウ球菌はコロニー周辺が黄色となり，非病原性ブドウ球菌は赤紫色となることが多い。卵黄液を加え，卵黄反応を見ることにより明確に病原性ブドウ球菌を判別しやすくなる。陽性の場合はコロニー周辺が黄濁する。卵黄液は熱に弱いのでオートクレーブ後に別添加。卵を95％エタノールに1時間浸漬しておき，無菌的に卵黄を採集し10％食塩水に懸濁して卵黄液とする。

マンニトール	10.0 g
ペプトン	10.0 g
肉エキス（あるいはラブ-レムコ末）	2.5 g
塩化ナトリウム	75.0 g
フェノールレッド	0.025 g
寒天	15.0 g
蒸留水	1,000 mL
（卵黄液）	100〜300mL

注：pH 7.5に調整

(15) スタフィロコッカス培地 No. 110[1]

病原性ブドウ球菌の選択分離及び鑑別用の培

地。ゼラチン液化能，マンニット発酵性，色素生産性及び食塩耐性を観察できる。

　検体を植菌し，30℃で48時間培養すると，色素生産性が陽性の菌は濃い橙色，陰性の菌は白色のコロニーを形成する。マンニット発酵性は，コロニーをはがしてその部分に0.04％(w/v)BTB指示薬を滴下し，黄色になる場合を陽性とする。ゼラチン液化能はコロニー上に硫酸アンモニウム飽和水溶液を滴下し，10分後コロニー周辺に透明環ができたものを陽性とする。これらがすべて陽性のものは病原性ブドウ球菌である可能性が高い。

マンニトール	10.0 g
ラクトース	2.0 g
酵母エキス	10.0 g
トリプトン（あるいはペプトン）	2.5 g
塩化ナトリウム	75.0 g
リン酸水素二カリウム	5.0 g
ゼラチン	30.0 g
寒天	15.0 g
蒸留水	1,000 mL

　注：pH 7.1に調整

⒃　セレナイトブリリアントグリーン(SBG)培地[1]

　*Salmonella*属菌用の選択増菌培地。*Salmonella*属菌を検出する場合は，本培地あるいはセレナイトシスチン培地などで一度増菌してからSS培地などで分離すると検出が容易になる。

　亜セレン酸ナトリウムには催奇性があるので取り扱い注意。粉塵吸入の危険を減らすため先に溶液にしておき培地に別添すること。オートクレーブ滅菌不可，及び必要以上の加熱に注意。溶存酸素を減らすため液高を最低6 cm以上にすること。

マンニトール	5.0 g
酵母エキス	5.0 g
ペプトン	5.0 g
タウロコール酸ナトリウム	1.0 g
リン酸水素二カリウム	2.45 g
リン酸二水素カリウム	1.05 g
スルファピリジンナトリウム	0.5 g
ブリリアントグリーン	0.005 g
蒸留水	1,000 mL
亜セレン酸ナトリウム	4.0 g

　注：pH 7.2に調整

⒄　サルモネラ-シゲラ(SS)培地[1]

　*Salmonella*属菌及び*Shigella*属菌（赤痢菌）の選択分離用培地。選択性が強く，他属の菌の生育は極めて少ないが上述2属の菌でもまれに生育が阻害される。

　オートクレーブ滅菌不可。*Salmonella*属菌及び*Shigella*属菌（赤痢菌）は乳糖非分解性であるため半透明のコロニーを形成するが，乳糖分解性を有する大腸菌群などは赤色コロニーを形成する。また硫化水素生産性の菌（大半の*Salmonella*属菌）はコロニーの中心が黒変する。

ラクトース	10.0 g
肉エキス	5.0 g
ペプトン	5.0 g
胆汁酸塩	8.5 g
クエン酸ナトリウム	8.5 g
チオ硫酸ナトリウム	8.5 g
クエン酸第二鉄	1.0 g
中性紅（ニュートラルレッド）	0.025 g
ブリリアントグリーン	0.33 mg
寒天	15.0 g
蒸留水	1,000 mL

　注：pH 7.0に調整

⒅　DHL培地[1]

　*Salmonella*属菌及び*Shigella*属菌（赤痢菌）の選択分離用培地。選択圧はやや弱い。

　オートクレーブ滅菌不可。*Salmonella*属菌及び*Shigella*属菌（赤痢菌）は乳糖及びショ糖非分解性であるため半透明のコロニーを形成するが，分解性を有する大腸菌群，*Proteus*属菌，*Aeromonus*属菌などは赤色コロニーを形成する。また硫化水素生産性の菌（大半の*Salmonella*属菌，*Proteus*属菌）はコロニーの中心が黒変する。

ラクトース	10.0 g
スクロース	10.0 g
肉エキス	3.0 g
ペプトン	20.0 g
デソキシコール酸ナトリウム（胆汁酸塩）	1.0 g
クエン酸ナトリウム	1.0 g
チオ硫酸ナトリウム	2.2 g
クエン酸鉄アンモニウム	1.0 g
中性紅（ニュートラルレッド）	0.03 g
寒天	15.0 g
蒸留水	1,000 mL

　注：pH 7.0に調整

⒆　SIM培地[3]

　細菌の鑑別用培地。硫化水素生産性，インドール生産性，運動性の判定に用いる。

　半流動性の高層培地として作製。Sulfite agar

と同じく，硫化水素の生産性は接種部分の黒変により判定。非運動性の菌は穿刺跡にそって生育し，運動性を有する菌は培地全体に拡がる。インドール生産性はコバック試薬0.2 mLを試験管に加え，10分後に液層が暗赤色に変化すれば陽性，変化なしで陰性と判定する。

トリプトン	20.0 g
ペプトン	6.1 g
硫酸アンモニウム第一鉄	0.2 g
チオ硫酸ナトリウム	0.2 g
寒天	3.5 g
蒸留水	1,000 mL

注：pH 7.3に調整

(20) TSI培地[1]

腸内細菌の鑑別用培地。糖の発酵性，ガス発生性，硫化水素生産性などを観察できる。

傾きの緩やかな半高層培地として作製する。菌は斜面部に塗抹しさらに高層部に刺突する。糖の発酵性があると，まず培地全体が黄変するが，グルコース発酵性しかない場合は時間とともに斜面部が赤色に戻る。ショ糖あるいは乳糖の発酵性も有していると全体が黄変したままである。また，ガス発生性があれば高層部の培地に亀裂等が観察でき，硫化水素生産性がある場合は接種孔付近が黒変する。

スクロース	10.0 g
ラクトース	10.0 g
グルコース	1.0 g
肉エキス	4.0 g
ペプトン	15.0 g
塩化ナトリウム	5.0 g
チオ硫酸ナトリウム	0.08 g
亜硫酸ナトリウム	0.4 g
硫酸第一鉄	0.2 g
フェノールレッド	0.02 g
寒天	15.0 g
蒸留水	1,000 mL

注：pH 7.4に調整

(21) リジン脱炭酸試験用培地[1]

腸内細菌の鑑別用培地。リジン脱炭酸酵素反応の有無を調べる。

35℃で24時間培養し，紫色の場合を陽性，黄変した場合を陰性とする。*S. paratyphi* A を除く多くの *Salmonella* 属菌は陽性を，*Shigella* 属菌は陰性となる。培地中のペプトンを抜いたテイラー変法の方が擬陽性が少なく，明確に判断できる。

グルコース	1.0 g
酵母エキス	3.0 g
（ペプトン）	5.0 g
L-リジン	5.0 g
BCP（またはBCB）	0.02 mg
寒天	15.0 g
蒸留水	1,000 mL

注：pH 7.0に調整（テイラー変法の場合は6.1）

(22) マロン酸塩培地[1]

腸内細菌の鑑別用培地。

マロン酸塩の利用により培地はアルカリになり帯緑色から深青色に変色する（陽性）。

グルコース	0.25 g
マロン酸ナトリウム	3.0 g
酵母エキス	1.0 g
硫酸アンモニウム	2.0 g
塩化ナトリウム	2.0 g
リン酸水素二カリウム	0.4 g
リン酸二水素カリウム	0.6 g
ブロモチモールブルー（BTB）	0.025 g
寒天	15.0 g
蒸留水	1,000 mL

注：pH 6.7に調整

2 酵母・糸状菌用培地

(1) ローズベンガル・クロラムフェニコール培地[3]

真菌の選択培地。食品中の酵母や糸状菌の検出や算定に用いる。

クロラムフェニコールが細菌の繁殖を抑え，ローズベンガルが糸状菌のコロニーの広がりを抑える（算定しやすくするため）。クロラムフェニコールの粉塵を吸引しないように注意。

グルコース	10.0 g
ペプトン	5.0 g
リン酸水素二カリウム	1.0 g
硫酸マグネシウム・7水和物	0.5 g
ローズベンガル	0.05 g
クロラムフェニコール	0.1 g
寒天	20.0 g
蒸留水	1,000 mL

注：pH 7.2に調整

(2) Fowell 培地

酵母の胞子形成用培地。極めて貧栄養。

酢酸ナトリウム	4.0 g
寒天	20.0 g
蒸留水	1,000 mL

注：pH 6.7 に調整

(3) V-8 酵母汁培地[1]

酵母の胞子形成等に利用。伝統的に Campbell Soup Company 社製の V-8 ジュースを用いるのが一般的だが，最近では入手しやすい他社製の野菜ジュースで代用する場合も多い。V-8 はトマトを主体とする 8 種混合ジュースであるので，置き換える場合は同様の組成の野菜ジュースが好ましい。パン酵母を 10 g に減らし V-8 改変培地とする場合もある。

V-8 ジュースに酵母を加え 10 分間煮沸し，遠心分離あるいはろ過をして清澄液をえる。pH を調整したのち，蒸留水と寒天を加え，110℃ 15 分間オートクレーブ滅菌をして使用する。

V-8 ジュース	500 mL
圧搾パン酵母	200.0 g
寒天	20.0 g
蒸留水	500 mL

注：pH 6.8 に調整

(4) リンデグレン氏培地[1]

酵母の胞子形成用。

グルコース	1.0 g
酵母エキス	2.5 g
硫酸マグネシウム・7水和物	1.0 g
酢酸カリウム	9.8 g
(寒天)	20.0 g
蒸留水	1,000 mL

注：pH 無調整

(5) ツァペック培地[7]

（ツァペック・ドックス氏培地，Czapek-Dox）
真菌の同定によく用いられる。合成培地。

リン酸マグネシウムの沈殿が生じやすく調整が難しい。沈殿の生じにくいグリセロリン酸マグネシウムを用いた改変培地もあり，市販されている。糸状菌の同定では硝酸ナトリウムを 3.0 g とする。

スクロース（あるいはグルコース）	30.0 g
硝酸ナトリウム	2.0 g
リン酸水素二カリウム	1.0 g
硫酸マグネシウム・7水和物	0.5 g
塩化カリウム	0.5 g
硫酸第一鉄	0.01 g
(寒天)	15.0 g
蒸留水	1,000 mL

注：pH 無調整。ただし目的により乳酸で調整

(6) Wickerham 合成培地

真菌の同定によく用いられる合成培地。

グルコース	10.0 g
硝酸ナトリウム	2.0 g
硫酸アンモニウム	3.5 g
アスパラギン	1.5 g
L-ヒスチジン塩酸塩	10 mg
DL-メチオニン	20 mg
DL-トリプトファン	20 mg
リン酸二水素カリウム	1.0 g
硫酸マグネシウム・7水和物	0.5 g
塩化ナトリウム	0.1 g
塩化カルシウム・2水和物	0.1 g
ホウ酸	0.5 mg
硫酸銅・5水和物	40 μg
ヨウ化カリウム	0.1 mg
塩化鉄・6水和物	0.2 mg
硫酸マンガン・1水和物	0.4 mg
モリブデン酸ナトリウム・2水和物	0.2 mg
硫酸亜鉛・7水和物	0.4 mg
ビオチン	2 μg
パントテン酸カルシウム	0.4 mg
葉酸	2 μg
イノシトール	2 mg
ナイアシン	0.4 mg
p-アミノ安息香酸	0.2 mg
ピリドキシン塩酸塩	0.4 mg
リボフラビン	0.2 mg
チアミン塩酸塩	0.4 mg
(寒天)	20.0 g
蒸留水	1,000 mL

注：pH 5.6 に調整

引用文献
1） 小崎道雄・谷村和八郎編『微生物学実験書』建帛社，1973年
2） 好井久雄・金子安之・山口和夫編『食品微生物学ハンドブック』技報堂出版，1995年
3） OXID『The Manual』関東化学，2004年
4） 東京農業大学応用生物科学部菌株保存室編『Strains – NODAI Catalogue of Strains 2009 4th Edition』東京農業大学出版会，2009年
5） 製品評価技術基盤機構バイオテクノロジー本部生物遺伝資源部門(NBRC)『NBRC Catalogue of Biological resources, microorganisms, Genomic DNA Clone, and cDNAs – First edition 2005』NBRC，2005年
6） 微生物研究法懇談会編『微生物学実験法』講談社，1975年
7） 青島清雄・椿 啓介・三浦宏一郎編『菌類研究法』共立出版，1983年

培地一覧索引

A～Z

- Azide Citrate（AC）培地 ……… 105
- BCP ブドウ糖ペプトン培地 … 103
- Bennett's Agar 培地 …………… 103
- CVT 培地 ………………………… 104
- DHL 培地 ………………………… 106
- EC 培地 …………………………… 104
- Fowell 培地 ……………………… 108
- GYP 培地 ………………………… 99
- GYP 改変培地（GYP 白亜寒天） ……………………………………… 99
- ISP medium no.2 ………………… 102
- KF 連鎖球菌寒天（KF）培地 … 105
- LB 培地 …………………………… 99
- MRS 培地 ………………………… 100
- MR-VP 培地 ……………………… 104
- Seawater starch（SWS）培地 … 102
- SIM 培地 ………………………… 106
- TCBS 培地 ……………………… 105
- TSI 培地 ………………………… 107
- V-8 酵母汁培地 ………………… 108
- Wickerham 合成培地 …………… 108
- WYP（ホエー酵母エキスペプトン）培地 ……………………… 100
- Yeast extract-Malt extract 培地 ……………………………………… 102
- YM 培地 ………………………… 101
- YPD 培地 ………………………… 101

あ行

- 亜硫酸塩添加寒天（Sulfite agar）培地 …………………………… 103
- エオシンメチレンブルー（EMB）培地 …………………………… 104
- オートミールアガー培地 ……… 102

か行

- 肝臓片加肝臓ブイヨン（肝々ブイヨン）培地 ………… 100
- クロストリジウム用選択培地 … 103
- 血液寒天培地 …………………… 101
- 麹汁培地 ………………………… 102
- コーンミール培地 ……………… 102

さ行

- サブロー（Subouraud）培地 …… 102
- サルモネラ - シゲラ（SS）培地 … 106
- 醤油培地 ………………………… 102
- 蔗糖硝酸塩培地 ………………… 103
- スキムミルク培地 ……………… 100
- スタフィロコッカス培地 No.110 …………………………… 105
- 清酒培地 ………………………… 101
- セレナイトブリリアントグリーン（SBG）培地 ………………… 106

た行

- チオグリコレイト（TGC）培地 ……………………………………… 100
- ツァペック培地 ………………… 108
- デソキシコレート培地 ………… 104

な行

- 乳糖ブイヨン培地 ……………… 103

は行

- 麦芽エキス（ME）培地 ………… 102
- ビール培地 ……………………… 101
- ブイヨン培地 …………………… 99
- ブドウ糖アスパラギン培地 …… 103
- ブドウ糖ペプトン培地 ………… 99
- ブリリアントグリーン乳糖胆汁（BGLB）培地 ………………… 103
- ポテトキャロットアガー（PCA）培地 ……………………………… 101
- ポテトデキストロース培地（PDA，PDB）………………… 101

ま行

- マツタケ培地 …………………… 102
- マロン酸塩培地 ………………… 107
- マンニット食塩（卵黄加マンニット食塩）培地 … 105

ら行

- リジン脱炭酸試験用培地 ……… 107
- リンデグレン氏培地 …………… 108
- ローズベンガル・クロラムフェニコール培地 … 107

参考文献

1章
安藤昭一『図解 微生物実験マニュアル』技報堂出版，1992年
伊藤丈夫『改訂版 光学顕微鏡写真撮影法』学際企画，1999年
岩田和夫『微生物によるバイオハザードとその対策』ソフトサイエンス社，1980年
国立予防衛生研究所編『ウイルス実験学総論』丸善，1973年
佐々木次雄・三瀬勝利・中村晃忠『日本薬局方に準拠した滅菌法及び微生物殺滅法』日本規格協会，1998年
杉山純多，他編『新版 微生物学実験法』講談社サイエンティフィク，1999年
日本生物工学会編『生物工学実験書 改訂版』培風館，2002年
農林水産省編『微生物の長期保存法』，1987年
吉田製薬『消毒薬テキスト 第3版』〈http://www.yoshida-pharm.com/text/〉

3章
村尾澤夫・荒井基夫共編『応用微生物学 改訂版』培風館，1993年
M. マーディガン・J. パーカー・J. マーチンコ著，室伏きみ子・関 啓子訳『Brock 微生物学』オーム社，2003年

4章
高尾彰一・板倉辰六郎・鵜高重三編『応用微生物学』文永堂出版，1996年
村尾澤夫・荒井基夫共編『応用微生物学 改訂版』培風館，1993年
M. マーディガン・J. パーカー・J. マーチンコ著，室伏きみ子・関 啓子訳『Brock 微生物学』オーム社，2003年
R. Y. スタニエ・E. A. エーデルバーグ・J. L. イングラム・M. L. ウィーリス共著『微生物学 入門編』培風館，1980年

5章
堀越孝雄・鈴木 彰『きのこの一生』築地書館，1990年

6章
相田 浩『応用微生物学』同文書院，1987年
日本微生物学協会編『微生物学辞典』技報堂出版，1992年
微生物研究法懇談会(柳田友道)編『微生物学実験法』講談社サイエンティフィク，1986年

7章
扇元敬司『バイオのための基礎微生物学』講談社サイエンティフィク，2002年
栄研化学・栄研器材編『食品微生物検査マニュアル』栄研化学・栄研器材，1996年
日本生物工学会編『生物工学実験書』培風館，1992年
日本微生物学協会編『微生物学辞典』技報堂出版，1992年

8章
高尾彰一・栃倉辰六郎・鵜高重三編『応用微生物学』文永堂出版，1996年
注解編集委員会編『第四回改正 国税庁所定分析法注解』日本醸造協会，1993年
林 英生編『微生物学』建帛社，2005年

9章
日本薬学会編『乳製品試験法・注解』金原出版，1999年
林 英生編『微生物学』建帛社，2005年
好井久雄・金子安之・山口和夫編『食品微生物学ハンドブック』技報堂出版，1995年

索 引

A～Z

Aspergillus	68, 77
—— niger	64
—— oryzae	64
Azide Citrate (AC) 培地	105
BCP ブドウ糖ペプトン (BCP ブドウ糖トリプトン) 培地	103
Benett's Agar	103
Candida	81
CFU	85
CVT 培地	104
DCW	79
DHL 培地	106
EC 培地	104
Fowell 培地	108
GYP 改変培地 (GYP 白亜寒天)	99
GYP 培地	99
ISP medium no.2	102
KF 連鎖球菌寒天 (KF) 培地	105
LB 培地	99
MRS 培地	100
MR-VP 培地	104
Mucor	70, 77
—— racemosus	64
Penicillium	69, 77
—— roqueforti	64
Rhizopus	70, 77
—— oligosporus	64
Saccharomyces	81
Seawater starch (SWS) 培地	102
SIM 培地	106
TCBS 培地	105
TSI 培地	107
TTC 培地	43
V-8 酵母汁培地	108
Wickerham 合成培地	108
WYP (ホエー酵母エキスペプトン培地)	100
Yeast extract-Malt extract 培地	102
YM 培地	101
YPD 培地	101

あ 行

アオカビ	77
亜硫酸塩添加寒天 (Sulfite agar) 培地	103
アルコール発酵	87
移植操作	33
浮ひょう法	93
エオシンメチレンブルー (EMB) 培地	104
液体培地	26
エムデン-マイヤーホフ-パルナス経路	87
遠心分離機	9
遠沈管	21
オートクレーブ	7
—— の使用法	7
オートミールアガー培地	102

か 行

解糖系	87
火炎殺菌	30
隔壁	66
ガス殺菌	31
ガスバーナーの使い方	20
カバーグラス	21
肝臓片加肝臓ブイヨン (肝々ブイヨン) 培地	100
寒天	28
乾熱殺菌	30, 39
乾熱滅菌器	5
—— の使用法	6
偽菌糸	56
器具の使用法	17
器具の洗浄	22
切り出し法	65
クモノスカビ	77
グラム陰性細菌	48
グラム染色	53
—— 性	48
グラム陽性細菌	48
クリーンベンチ	3
—— 使用法	4
クロストリジウム用選択培地	103
継代培養法	37
系統分類	50
ケカビ	77
血液寒天	101
血球計算盤	22
嫌気ジャー	22
高圧 (加圧) 蒸気殺菌	30
恒温器	9
光学顕微鏡	14
—— の使用法	15
好気性細菌	47
コウジカビ	77
麹汁培地	102
合成培地	26
高層培地	51
酵母エキス	27
コーンミール培地	102
呼吸	87
娘細胞	55
固体培地	26
固体培養	36
コッホ消毒器	8
コルネットピンセット	21
混釈法	80
コンラージ棒	18

さ 行

サブロー (Subouraud) 培地	102
サルモネラ-シゲラ (SS) 培地	106
産膜酵母	56
子のう菌	62
—— 酵母	55
子のう胞子	56
ジャーファーメンター	9
シャーレ	17
ジャイアントコロニー	64
集積培養	40
従属栄養細菌	47
出芽	55, 83
照射殺菌	31
消泡剤	81
醤油培地	102

索　引

植菌操作　32
蔗糖硝酸塩培地　103
振とう培養　35
スキムミルク培地　100
スクリーニング　34
スタフィロコッカス培地 No.110　105
スライドグラス　21
スライド培養　65
清酒培地　101
静置培養　35
生物の3ドメイン説　50
接眼測微計　73
接合菌　62
接合胞子　61
セレナイトブリリアントグリーン
　（SBG）培地　106
増殖曲線　81
測微計　73
ソモギー・ネルソン法　92

た　行

大腸菌群　84
対物測微計　73
濁度　79
担子菌　62
　──酵母　55
チオグリコレイト（TGC）培地　100
中和滴定法　98
頂のう　66
ツァペック培地　108
通気培養　35
通性嫌気性細菌　47
デソキシコレート培地　104
電子天秤　10
　──の使用法　10
天然培地　26
凍結保存法　37
トーマ氏血球計　80
独立栄養細菌　47
ドメイン　50

な　行

肉エキス　27
乳酸菌　51
乳酸発酵　95
乳糖ブイヨン培地　103

は　行

バイオクリーンルーム　3
培地の作り方　28
培養条件　34
培養栓　17
培養法　35
麦芽エキス　28
　──（ME）培地　102
白金耳　18
パスツール効果　87
発酵　87
　──型試験　52
　──管　22
　──曲線　91
ビール培地　101
微生物株の入手　36
微生物株保存機関　36
　──への寄託　38
微生物の培養　34
　──法　36
ピペットの使い方　20
フィアライド　66
ブイヨン培地　99
不完全菌　62
ブドウ糖アスパラギン培地　103
ブドウ糖ペプトン培地　103
ブリリアントグリーン乳糖胆汁
　（BCLB）培地　103
分光光度計の使用法　13
分生子柄　66
分注管　18
分裂酵母　55
平板塗抹　80
ヘテロ型乳酸発酵菌　51
ヘテロ乳酸発酵　96

ペプトン　27
偏性嫌気性細菌　47, 54
ペントースリン酸経路　96
鞭毛菌　62
胞子のう　66
母細胞　55
保存菌株の復元　37
ポテトキャロットアガー（PCA）
　培地　101
ポテトデキストロース培地
　（PDA, PDB）　101
ホモ型乳酸発酵菌　51
ホモ乳酸発酵　95
ボルテックスミキサー　11

ま　行

マグネチックスターラー　11
マツタケ培地　102
マロン酸塩培地　107
マンニット食塩（卵黄加マンニット
　食塩）培地　105
ミクロメーター　21
無菌環境　32
無菌操作　32
無性生殖　61
綿栓の作り方　25

や　行

薬剤殺菌　31
有性生殖　61

ら　行

ラクトフェノール液　65
リジン脱炭酸試験用培地　107
リンデグレン氏培地　108
ローズベンガル・クロラムフェニ
　コール培地　107
ろ過器　21
ろ過除菌　31

わ　行

ワイン酵母　90

◆ 編著者 （　）内は執筆分担

なかざと あつみ
中里 厚実　東京農業大学名誉教授　　　　　　　　　　　　　（2章）

むら　きよし
村　清司　東京農業大学名誉教授　　　　　　　　　　　　　（8章・9章）

◆ 著　者 （五十音順）

かどくら としもり
門倉 利守　東京農業大学応用生物科学部醸造科学科教授　　　（1章）

とくだ ひろはる
徳田 宏晴　東京農業大学応用生物科学部醸造科学科教授　　　（6章・7章）

なかやま しゅんいち
中山 俊一　東京農業大学応用生物科学部醸造科学科教授　　　（3章・4章）

ほんま ひろと
本間 裕人　東京農業大学応用生物科学部醸造科学科准教授　　（5章・巻末資料：培地一覧）

食品科学のための　基礎微生物学実験

2010年（平成22年）3月30日　初　版　発　行
2025年（令和7年）6月10日　第7刷発行

編著者　中　里　厚　実
　　　　村　　　清　司

発行者　筑　紫　和　男

発行所　株式会社　建　帛　社
　　　　　　　　　KENPAKUSHA

〒112-0011 東京都文京区千石4丁目2番15号
　　　　　　TEL (03) 3944-2611
　　　　　　FAX (03) 3946-4377
　　　　　　https://www.kenpakusha.co.jp/

ISBN 978-4-7679-0412-2　C3077　　　　　　　明祥／常川製本
©中里厚実, 村　清司ほか, 2010.　　　　　　　Printed in Japan
（定価はカバーに表示してあります）

本書の複製権・翻訳権・上映権・公衆送信権等は株式会社建帛社が保有します。

JCOPY 〈出版者著作権管理機構　委託出版物〉
本書の無断複製は著作権法上での例外を除き禁じられています。複製される場合は，そのつど事前に，出版者著作権管理機構（TEL03-5244-5088, FAX 03-5244-5089, e-mail : info@jcopy.or.jp）の許諾を得て下さい。